i

imaginist

想象另一种可能

理想国
imaginist

ISOLDE CHARIM

**Die Qualen des
Narzissmus: Über
freiwillige
Unterwerfung**

自恋
与服从

〔奥〕伊索尔德·沙里姆——著

桂书杰 包向飞——译

上海三联书店

Die Qualen des Narzissmus: Über freiwillige Unterwerfung
by Isolde Charim
Copyright © 2022 by Paul Zsolnay Verlag Ges.m.b.H., Wien
Chinese language edition arranged through HERCULES Business & Culture GmbH, Germany
All rights reserved.

著作权合同登记图字：09-2024-0688

图书在版编目（CIP）数据

自恋与服从 /（奥）伊索尔德·沙里姆著；桂书杰，
包向飞译 .-- 上海：上海三联书店，2025.1.
ISBN 978-7-5426-8776-0

Ⅰ. B848

中国国家版本馆 CIP 数据核字第 2024TG0507 号

自恋与服从

[奥] 伊索尔德·沙里姆 著　　桂书杰 包向飞 译

责任编辑：苗苏以
特约编辑：孔胜楠
封面设计：尚燕平
内文制作：陈基胜
责任校对：王凌霄
责任印制：姚　军

出版发行 / 上海三联书店
　　　　（200041）中国上海市静安区威海路755号30楼
邮　　箱 / sdxsanlian@sina.com
联系电话 / 编辑部：021-22895517
　　　　　　发行部：021-22895559
印　　刷 / 肥城新华印刷有限公司

版　　次 / 2025 年 1 月第 1 版
印　　次 / 2025 年 1 月第 1 次印刷
开　　本 / 1230mm×880mm　1/32
字　　数 / 144千字
印　　张 / 7.25
书　　号 / ISBN 978-7-5426-8776-0/B·938
定　　价 / 49.00元

如发现印装质量问题，影响阅读，请与印刷厂联系：0538-3460929

目 录

第一章

我们的自愿性因何而起？

引言

本书的出发点是一个古老的惊叹：为什么我们要同意现状呢？无论它们对我们是否有利。我们可能偶尔抱怨，但总的来说，我们同意这种现状。我们是自愿的。不过，这种自愿性（Freiwilligkeit）因何而起？

与本次写作同时开始的新冠疫情，为这个古老的惊叹提供了新的解释空间。即使这不是一本关于新冠疫情的书，我们也可以从中延伸出我们的问题。

让我们回忆一下，无论是洗手、强制戴口罩还是限制公共活动，伴随着这些所谓的"措施"产生了这样一个问题：为什么很多人（尽管不是所有，但也是大多数）都遵守这些规定呢？

回答是多种多样的。人们因害怕而遵守——害怕惩罚，害怕因不遵守而招致制裁。但这就是服从：人们遵守外在的形式——规定，命令，法令。

不过，人们还因另一种害怕而遵守——害怕危险，害怕病毒。在这种情况下，遵守从服从变成了理性。作为理性的、权衡利弊的个体，作为开明的公民，人们认识到限制的必要性。因此，人们出于信念而遵守——不再是规定的形式，而是规定的内容，一种让人信服的内容。一般来说，人们要么遵守一种占据主导的形式，要么遵守一种让人信服的内容。

在大多数情况下，人们的遵守是上述两者的混合体。谁能完全成为老实的公民，或百分之百自主的主体呢？然而，有些东西仍然存在——正是新冠疫情让它们变得显而易见。尤其是在开始阶段，几乎无法判断什么是理性的、什么是不理性的，什么是有效的、什么是无效的。口罩——首先否定，然后肯定。接触传播或体表接触传播——最初引人注目，后来则可忽略不计。街头偶遇——一开始感觉很危险，接下来变得无所谓。但人们仍然遵守。这不能仅用理性来解释。因为即使在无法论证的情况下，人们也会服从。然而，这并非纯粹的服从。*

政策的目标是改变人们的行为，包括那些微小的日常行为。因此，它有赖于人们的配合。那么，人们对这些规定的接受因何而起？有些人认为，通过正向激励可以最有效地调节人们的行为。换句话说，既不是通过强制，也不是通过说服，而是通过操纵。然而，人们在这样的情况下不知道什么是理性的，同样也不知道什么是有效的正向激励。所有方案最终都不能解决问题，即使混合方案也是不够的。因为它们都违背了一个核心

---

* 我们先暂时搁置新冠病毒否认者的各种抵抗。因为对我们的问题来说，遵守规则更令人兴奋。——原注

因素：自愿性。自愿——但并非出于理性的原因。

这种特殊情况不仅限于新冠疫情。我们必须以不同的方式提出问题。如果大多数人的自愿性是一个事件和所有社会关系的核心，那么这样的自愿性因何而起？21世纪开明主体的自愿性又因何而起？这才是我们的惊叹和我们的问题。

拉·波埃西的矛盾公式

1546年或1548年*，法国作家拉·波埃西†撰写了《论自愿为奴》（"Abhandlung über die freiwillige Knechtschaft"）一文。[1]他创造了一个被广为引用的矛盾公式，将自愿性和奴役联系在一起，也就是自愿的强制关系。

拉·波埃西问道：为什么这么多人，所有村庄、城市和民众，会忍受唯一的暴君呢？他的回答是：统治者的权力不会多于其被赋予的权力。暴君也一样。他只拥有应得的权力。他只在人们可以容忍的范围内对他们造成伤害。因此，统治的秘密在于被统治者的同意，被压迫者自愿接受统治者的压迫。这就是拉·波埃西给同时代人讲授的矛盾课程。他向他们呼喊：是你们让暴君变得强大！他的权力在于你们的自愿性！

---

* 确切的撰写日期不详。该文首次发表于1576年。——原注
† 艾蒂安·德·拉·波埃西（Étienne de La Boétie，1530—1563），法国法官、作家、政治理论家，其政论性文章《论自愿为奴》被认为对现代反集权和公民不服从思想产生了早期影响。——译者注

拉·波埃西认为，要想获得自由，人们只需停止服从。因为人们可以选择成为奴仆还是自由人。但人们同意自己的不幸，甚至追求这种不幸。

拉·波埃西说道："这真是一种非常奇怪却又如此普通的现象。"[2]

然而，为什么人们会服从呢（无论这对他们是否有利）？更尖锐的问题是：如果这不符合人们的利益，为什么他们还会服从呢？

拉·波埃西对这种矛盾现象做了如下解释：最初，对民众的征服可能是强制性的。但一旦被征服，民众就会"完全遗忘自己的自由"并自愿服从（freiwillige Unterwerfung）。但这种遗忘因何而起？强制性又是如何变成自愿性的呢？拉·波埃西对这个问题的回答涉及以下三个因素。

首先，通过欺骗和诱惑。换句话说，狡猾的暴君们巧妙地利用了强有力的手段：妓院和赌馆，公共娱乐和消遣，分发肉食等庆祝活动。"由此，他们欺骗了以肚腹为主人的底层民众。"[3]换句话说，这是一场交易——但却是一场糟糕的交易，因为代价是自由。

其次，通过一切能助长轻信的事物来巩固统治。尤其是通过权力的饰品——浮华、谎言和宗教。也就是通过一切能蒙蔽人们的东西。

最后，通过习惯和教育来增强自愿性——它们会扭曲人们"生而自由"的本性。因此，自愿性不过是对人们追求自由这一自然倾向的扭曲。教育和习惯会埋没并破坏这种本性，这样一来，人们只能满足于自由的替代品，即自愿性。这一替代品通过习惯和教育变成了必然，违背了人们与生俱来的"未经败坏的本性"。由此，自愿性替代了真正的自由，成为人们的第二本性。

拉·波埃西认为，服从的执念会深深地扎根，（自我）奴役已经成为第二本性。尽管如此，拉·波埃西仍然将他的文本作为一种呼吁、宣言和号召："下定决心不再服从，你们就会获得自由。"只要人们不再同意成为奴仆，人们就能得到解放。就像第二本性可以轻易摆脱一样。拉·波埃西向同时代人发出的呼吁基于两点：一方面，他认为奴役是一种外在关系——尤其是它建立在强制和欺骗的基础上。另一方面，在他的文本中，自愿性的存在令人惊讶——它是缺席的。对一篇探讨自愿性的文本来说，这是不可思议的。也许，自愿性之所以在文本中缺席，是因为它是一种缺失：缺失真正的、纯粹的、自然的自由。在他看来，自愿性只是被扭曲、被败坏的本性。

拉·波埃西的矛盾是一种既持续又可变的现象。它是持续的，因为我们如今仍然生活在自愿的强制关系中。然而，它也是可变的，因为自愿服从随着社会关系的改变而改变。

自愿服从仍然存在，但服从的形式和服从的内容不断变化。因此，它是一种持续存在的现象——表现为不同的特征、不同的强度、不同的实现方式和不同的理论化。如今，不再是自愿奴役，而是自愿服从。这是一个重要的区别。因为服从者并不是主人的奴仆——他更多的是服从于关系并融入其中。与奴役不同，这样的服从并不将自己视为奴仆，它更像是一种同意——同意现有状况，接受社会秩序。更重要的是，在这种乔装打扮的强制关系中，自愿性似乎走向了其对立面：一种被视为授权（Ermächtigung）的服从。这种自愿服从的影响再怎么高估也不为过。因为这是在支持、维护、延续现有秩序和现有关系时最深远、最有效的方式。这种方式既符合个人利益，又违背个人利益。

如果自愿服从既持续又可变，那么问题就来了：自愿性究竟意味着什么？它又从何而来呢？

公式的扩展

因此，我们要探索拉·波埃西所缺失的那种自愿性。在他那里，自愿性未得到应有的重视。因为对他来说，自愿性只是走向自由这一"本性"的衰落形式。文明的扭曲埋没了自由冲动这一自然状态。

但这种探索不是考古式的，不是在文明的废墟中进行挖掘。因为那样的话，我们只会证明拉·波埃西的想法。这种探索更多的是一种迂回——不是将社会理解为一种扭曲，而是将其理解为一种可能性，甚至是自愿性萌发的一种条件。

拉·波埃西的贡献是提供了一个概念——自愿服从的矛盾公式。但他没有留下一个有效的定义。他的想法是，面对暴君的，是一个拥有决策能力的主体。无论这个主体的自愿服从是因为已经成为习惯的强制、欺骗还是诱惑，拉·波埃西的解释都是不够的。因为在以上这些情况中仍然存在一种外在关系。然而，自愿服从所需要或所依赖的，更准确地说，它是一种内在关系。

因此，我们必须提出这样一个问题：人们应该如何想象这样的关系？它从何而来呢？

要想回答这个问题，我们必须将目光从 16 世纪的法国转向 17 世纪的荷兰。在那里，哲学家斯宾诺莎*提供了关于自愿服从的另一种表述：人们会"为他们的奴役而战，就像为他们的救赎而战一样"。[4]

他们不仅将奴役和救赎混为一谈，甚至还为此而战。为什么呢?

乍一看，人们会说：奴役意味着强制，救赎则意味着人们的期望和追求。人们是自愿的。但斯宾诺莎指出，国家的统治不仅限于强制服从。它还包括一切让人们自愿服从的手段。关键在于，这对斯宾诺莎来说并无区别。服从君主的命令，无论出于对惩罚的恐惧、对利益的期望还是对上帝或对祖国的爱，都是无关紧要的。因为"一个人之所以成为臣民，不在于服从的原因，而在于服从本身"。[5]

行为的自愿性本身并不能保证我们的行为不是为了奴役而是为了救赎。斯宾诺莎认为，人们可以根据自己的判断做出自

---

* 巴鲁赫·德·斯宾诺莎（Baruch de Spinoza，1632—1677），荷兰哲学家，泛神论和启蒙运动代表人物之一，著有《伦理学》《神学政治论》等。——译者注

愿的行为，但这并不意味着，他们在根据自己的权利而不是国家的权力行事。因此，自愿性并不能改变服从这一事实。在斯宾诺莎看来，关键在于，服从不是外在的行为，而是"内在的态度"。这就是我们要寻找的内在关系。也就是说，自愿性不仅意味着服从命令，还意味着"全心全意"地这样做。因此，人们必须更进一步：自愿性并不会削弱服从这一事实，它反而增强了这一事实。斯宾诺莎由此得出结论，最伟大的统治来自"那些统治臣民心灵的人"。

不过，统治人心意味着引导冲动——引导爱、恨、蔑视等情感。例如，引导我们为自己的奴役而战，这在我们看来是一种救赎。然而，这些情感本质上是以君主为导向的。

在这里，我们理解了斯宾诺莎所说的"君主政体的最后秘密"：臣民混淆了救赎与奴役。他们不仅混淆了服从与自愿，还混淆了君主与上帝。

继内在关系之后，我们又得到了一个关于自愿服从的关键词。在斯宾诺莎看来，这种服从的原型就是宗教，尤其是对一神论上帝的信仰。这个看不见的上帝被抽象地理解为纯粹的必然性，无法打动人心。只有当他变成一种具象，也就是被赋予人们可以把握的形式时，例如，具象化为国王、摄政者、立法者，"仁慈、公正"——换句话说，具有人类特征。简而言之，上帝只有在被理解为人类，尤其是理想化的人类时才能打动人心。只有这种人格化、人性化的权威形象才能触动人们的心灵。只有白胡子老人的形象才能打动人们的心灵、增强服从的意识：全心全意的服从，不被察觉的服从。因为这种人类形象创造了自愿性的核心因素：与权威的"个人关系"（persönliches Verhältnis）[6]。只有在个性化的上帝面前，人们才拥有爱的个人关系。只有这样的上帝才爱我，也只有这样的上帝才爱我。正如斯宾诺莎所说，这意味着，只有他爱我"先于其他一切"。这一点至关重要。因为这意味着：他看见我，他在意我。而这种被在意性正是自愿服从和全心全意追随的驱动力，远远超出所有纯粹外在的、欺骗或诱惑的形象。

我们可以确定：这种内在关系是自愿服从的核心——与上帝、与权威的个人关系。法国哲学家阿尔都塞[*]在20世纪70年代将这种关系转化为一个清醒的概念：他将其称为呼唤（Anrufung）。[7]

那么，什么是呼唤呢？

呼唤既存在于宗教内部又存在于宗教外部——但在任何情况下，它指的都是同一件事：自愿服从的原始场景。即使它被普遍化、世俗化，宗教仍然是这种呼唤的模型。

人们通常会说：信徒呼唤上帝。但这样做的人必定已经相信这位上帝，必定相信这位上帝能回应。因此，他必定已经是

---

[*] 路易·皮埃尔·阿尔都塞（Louis Althusser，1918—1990），法国哲学家，当代最具影响力的马克思主义思想家之一。长期执教于巴黎高等师范学校，福柯、德里达等都曾是他的学生。著有《保卫马克思》《读〈资本论〉》等。——译者注

一个信徒。这是一种次要的呼唤。主要的呼唤则是一种过程，发生在人们转向上帝之前。这是向我们发出的呼唤。在这种情况下，上帝的呼唤找到了信徒。

这既是一个高度想象的过程，又是一个高度真实的过程。它是想象的，因为它来自一个构建的、想象的权威——可以是上帝、君主、国家、民族、父亲（作为权威）或一个抽象的原则。它们具有不同的性质，但在呼唤中，它们都变成了一个构建的、想象的权威——一个人格化的大主体，它的呼唤传达到我们这些小主体——无论是信徒、公民还是儿童。*权威变成了大主体。大主体呼唤它的小主体，就像白胡子老人呼唤他的羊群一样。

这种呼唤不仅限于字面意义，还包括所有制度安排，所有实际的、意识形态的配置——一系列机构、象征、实践、仪式、典礼、形式、传统。通过它们，呼唤出现、表达、循环，直至传达到主体。整个宇宙都可以被描述为某种意识形态。

这种呼唤从人们出生时（或在那之前）就开始了，新生儿的名字、位置和身份是在家庭中规定的，是面向社会的初次介绍。然后，这种呼唤在学校和培训机构中继续。它扩展为一系列呼唤：宗教机构的呼唤、政治组织的呼唤、文化形式的呼唤和权威的呼唤。每种呼唤都是一种提议、一种可能、一种对具体身份和具体位置的赋予。它们有时相互补充，有时也会相互矛盾。这

---

* 我在这里采用了阿尔都塞的写法，即用大写的"SUBJECT"来表示大主体，以将其与小写的"subject"表示的小主体区分开来。——原注

可能会引发个体的生活危机。这样的呼唤可能来自任何地方。

　　爱尔兰作家詹姆斯·乔伊斯*描述过这种多声部的呼唤，当艺术家年轻时，"他总不时听到他的父亲和他的老师们的劝导，敦促他一定要千方百计做一个正人君子，敦促他一定要千方百计做一个好的天主教徒。……在运动会开始的时候，他听到另一种声音在敦促他要变得强壮、有气魄和健康，而在挽救国家民族的运动进入学校的时候，他却又听到另一种声音，吩咐他必须忠于他的国家，帮助提高它的语言和传统。在尘世中，他早已预见到一个世俗的声音一定会吩咐他通过他的努力再恢复他父亲昔日的地位，而同时他学校里的同学们的声音又敦促他对人一定要够朋友，要掩盖别人的过失，要为别人求情，还尽可能设法让学校多放几天假"。[†][8]

　　这种呼唤是针对我们的，是向我们发出的。当我们听到它时，它就传达到我们。当我们追随这种呼唤时，我们并不像遵守命令那样，而是通过回应来追随它。我们会说：是的，那就是我，这就是我。由此，我们接受了我们的名字、位置和身份。然后，我们接受了大主体给我们提供的那个名字，接受了它给我们展示的那个身份。因此，追随这种呼唤意味着成为一个特定的自我，意味着变成某个特定大主体的小主体，而这个大主

---

* 詹姆斯·乔伊斯（James Joyce，1882—1941），爱尔兰作家，意识流文学的先驱之一，著有《尤利西斯》《芬尼根的守灵夜》《都柏林人》等。——译者注

† 译文转引自：詹姆斯·乔伊斯，《一个青年艺术家的画像》，黄雨石译，外国文学出版社，1983，第94页。——译者注

体在生活中是可变的。我们已经看到，上帝、君主、国家、民族、父亲都可以占据呼唤者的位置。革命、美德或先锋也可以。呼唤不在乎大主体的名字，就像它不在乎我们会成为信徒、儿子、女儿、公民还是反叛者一样。无论如何，呼唤构建了我们身份的原始场景，同时也构建了我们自愿服从的原始场景——这样的服从并不被我们体验为服从，而是被我们体验为自愿追随的呼唤。我们接受它，认为它属于我们。我们感觉它在意我们。形式可能会改变，但呼唤这一事实，也就是我们追随某种呼唤，将伴随我们一生。无论是延续之前的呼唤还是中断之前的呼唤。*

如果我们回顾斯宾诺莎提出的范例——宗教，即使只是粗略考察，也会发现宗教的呼唤随着时间的推移发生了变化。

在我们（欧洲）这片区域，基督教曾经是占据统治地位的国教，所有社会机构都是宗教呼唤的流通领域。宗教的呼唤在家庭和学校中发出。它规定了身份和生活世界，例如，它通过日历将时间分为神圣的和世俗的、工作的和休息的。它陪伴着生活的各个阶段：从洗礼到入教再到婚姻和死亡。

如今，随着宗教信仰和宗教形式的增加，呼唤不断多样化、具体化（不再是针对每个人，而是针对特定群体），其在制度领域和意识形态领域的流通也是如此。例如，少数宗教社群试图在他们的封闭区域内推行他们的呼唤——就像他们试图在学校

---

* 关于最初的问题，我暂时可以这样说：即使在新冠疫情期间，肯定也存在呼唤。只不过，我们还不知道它是什么样的。——原注

等普遍意识形态领域发出特殊声音一样。

然而，社会性呼唤不断增强——不只在宗教领域，而是在所有领域——的趋势并没有削弱"呼唤"这一概念本身。呼唤仍然是构建身份和自愿服从的方式。换句话说，呼唤是一个持续的机制，同时具有无穷的变化。

这样一来，抽象的原则也可以转化为呼唤。正义、自由、平等、博爱等原则，甚至理性、享乐主义——一切都可以变成呼唤。在这种情况下，它们是一种世俗的呼唤。

当一个抽象的原则转化为一种呼唤时，它也经历了一种人格化的转变——它变成了一个大主体。它借用了一种"人类的"形式，或被赋予了这种形式。就像那些可以被称作"主题神"的古代神明一样，一个原则被赋予一个神明、一个神圣的形象——例如智慧的雅典娜（Athene）、爱情的阿佛洛狄忒（Aphrodite）、正义的朱斯提提亚（Justitia）。这些神明代表了这些原则，在一定程度上"体现"了这些原则。就神性而言，人们可以这样说。

用古代的神明来解释世俗的呼唤，这听起来可能有些荒谬，但它确实具有现实基础。因为即使没有古代的神明，呼唤也从来不是完全世俗的。

抽象的原则只有在变成理想，也就是神圣形象的世俗对应物之后，才能发出呼唤。因为理想是世俗的升华。在这个过程中，即使像自主性或理性这样基本的世俗原则也会发生转变。它们变成了信仰。理性有别于相信理性。后者意味着，理性被转化为一个想象的大主体并从中发出呼唤。这样的大主体就是原则的纯粹形式——理性的理想。它既是理想类型的标准，又是理想类型的观念。

有一些原则的理想对主体提出了要求，例如义务。还有一些原则的理想蕴含着某种承诺，例如自主性或享乐主义。但在任何情况下，它们都是作为呼唤传达到主体的。这意味着，理想开启了与抽象原则的个人关系。听到呼唤的主体会感到被在意：你是一个理性的主体（更准确地说，你应该是一个理性的主体），或者说，你是一个享受的主体。这种个人关系还有情感的维度——爱和恨在这里变成了褒和贬。但它产生的影响并没有减弱。

我们现在理解了，拉·波埃西的自愿奴役意味着主体听到了暴君的呼唤、追随了暴君的呼唤。只有当人们将自己理解为大主体的小主体时，只有当人们进入了这种类型的个人关系时（它渗透了我们并构建了我们的身份），人们才能谈论自愿。

如果与大主体的个人关系不仅触动我的心灵，还在一定程度上塑造我的心灵，那么应该如何看待这种关系呢？如果这个权威影响了我的自愿性呢？是自愿性导致了我的服从，还是服从导致了我的自愿性呢？

实际上，这个问题不能这样回答。因为这里涉及一个循环：认同权威，追随权威的呼唤——也就是服从，改变我们。这使我们变成拥有特定身份的主体——可以行动的主体。因此，服从使我们成为能决定是否追随呼唤的行动者，要么自愿服从，要么不服从（继而追随另一个呼唤）。人们必须成为某人，才能服从。人们必须服从，才能成为某个特定的人（或拒绝服从——但那样的话，人们将成为另一个人）。

因此，自愿性并不像拉·波埃西的自由本性那样"自然"，而是必须通过呼唤才能塑造、形成。就这方面来说，自愿性不是社会的扭曲，而是社会的产物。自愿性不是明确的简单同意，而是模糊的矛盾关系（自愿服从）。在这一点上，我们遵循拉·波埃西的思路。但自愿服从的基础是与权威的个人关系。这是一种强有力的联系，甚至是一种纠缠。

通过爱的关系，人们与征服他们的权力相连。斯宾诺莎的"对心灵的统治"是一种不容易摆脱的控制。因此，在这样的自愿服从中找到一条出路并不容易。自愿服从是一种难以摆脱的纠缠。

拉·波埃西之所以能发出"摆脱枷锁"的呼吁，是因为他将与权力的关系理解为纯粹外在的。外在的关系是可以摆脱的。但实际上，人们为他们的枷锁而战，"就像为他们的救赎而战一样"——因为他们已经将这些枷锁内化了，甚至因为这些枷锁从根本上将他们与"他们的"大主体、与"他们的"主体性联系在一起。

那么，与人格化、个性化的权威建立个人关系就是自愿服从的公式吗？

不完全是，因为这还没有涉及自愿服从的另一个方面——它的社会功能。

不幸的是，完整的自愿服从的公式还要更复杂一些："意识形态代表了个体与其真实的生存条件之间的想象的关系。"

这是一个庞杂的句子。它像一块巨石矗立在一个文本片段中。[9] 这个句子令人难以忍受。然而，它不过是笨重的自愿服从的公式。因此，唯一要做的就是拆除这块巨石、分析这个句子。

首先要明确的是，真实与想象的对立并不等同于实际与表象、现实与幻觉的对立，也不意味着物质与精神的对立。

"真实的生存条件"其实是指整个社会秩序。没有想象的形式。高度意识形态化。没有个性化的形象。* 这就是社会关系的匿名结构。在这里，个体是去中心化的。个体不在中心。更重要的是，在这些关系中，人们只是代理人（Agent）。这些关系超越并支配着代理人。在这里，我们甚至无法谈论服从，因为从这个角度来看，个体只是齿轮。而作为齿轮，人们不能主动服从——只能被动连接。与社会机器连接，与生产机器连接。

然而，这在主观上是不可行的。就像它无法真正实现一样。人们无法感觉自己是生活的代理人。人们无法体验自己是系统的一个齿轮。或者说，如果人们有这种感觉，那么它就是不可行的。因此，我们需要一种可行的关系。这就是我们的巨石之句中"想象的关系"的意义。现在，这种想象的关系是双重的。

它首先是一种自我关系（Selbstverhältnis）：是某人。成为

---

* 这里涉及拉·波埃西提到的两个概念：reelle 和 anthropomorphe，分别意为"真实的"和"拟人的"。——译者注

某人。某个特定的人。某个独特的人。在这种关系中,人们追随一种呼唤,成为一个自我。在这种关系中,人们不是代理人,而是主体;不是齿轮,而是行动者。

但想象的关系不仅是一种自我关系,它还是一种世界关系(Weltverhältnis):与世界的个人关系。

人们应该如何想象与世界的个人关系呢?就像斯宾诺莎主义者*感知太阳的方式一样。斯宾诺莎写道:"例如,当我们看着太阳时,我们会想象它离我们大约200英尺远。"[10]这就影响了我们对太阳的想法——无论我们是否知道它的真实距离。即使我们后来认识到或体验到它的真实距离,"我们仍然会将它想象得离我们很近"。这意味着,我们并不是将感知到的太阳体验为我们意识中的东西。正如阿尔都塞所说,我们将其体验为我们的"世界"。[11]

这并不是要澄清错误。不是要说,实际上,你们的小太阳是如此之大——以数字为证。而你们(也就是我们)如果相信太阳实际上就是从窗户里看到的那个小太阳,那么就会陷入一种透视错觉。这与启蒙无关。不是要揭示错觉和真相、误解和真知的对立。重要的是理解透视错觉本身。不是将其视为无效或错误,而是将其视为"不适当的观念"的必然性,正如斯宾诺莎所说:作为必然的幻觉,作为有效的表象。换句话说,重

---

* 他们的主张可以简单概括为"从自然界本身来说明自然",具有唯物主义和泛神论(甚至无神论)的性质。——译者注

要的是理解它的"实际社会功能"[12]。说得清楚一点，它的功能是让这个世界变得可行。因为与太阳的距离意味着，我们的位置是我们这个世界的一部分。是的，这个世界是通过我们的位置展现在我们面前的。这个位置可能是一种透视错觉，一种不适当的观念——但它正是我们的"世界"和我们的"现实"的基础。我们的"世界"——这是一种想象的关系，一种实际的关系，一种可行的关系。在这个世界中，我是被在意的。在这个世界中，我作为接受者出现。这个世界与我有关——就像我与它有关一样，这个世界以我为中心。想象的关系意味着一种秩序，我在其中占有一席之地。不是作为一个齿轮，而是作为一个主体。换句话说，这是一种关系、一种秩序，正是它使自愿性成为可能。

这种关系是想象的，我们作为主体拥有一种想象的身份——这并不表示反对，不是要揭开想象的面纱，进而认识隐藏在面纱之下的现实。不是要撕下行动主体的面具，进而揭示发挥作用的代理人。不是要将真实社会的软弱无能变成对行动的、自主的主体的赞扬。不幸的是，这种赞扬只是一种幻觉。想象既不是一种颠倒，也不是一种纯粹的幻觉。它更多的是要理解所谓的想象的必然性、功能性和有效性。我们想象的主体性与我们想象的世界关系是我们发挥作用的条件。就这方面来说，这种条件既是幻觉，又不是幻觉。它是一种有效的幻觉，因此，它具有自己的现实性。

"个体与其真实的生存条件之间的想象的关系"，这个巨石之句就是笨重的自愿服从的公式。它表明，只有在想象关系的舞台上，只有在意识形态中，人们才能得到需要的东西，人们才能获得满足真实生存条件要求的工具。因为只有作为行动者，人们才能成为好的代理人。只有作为主体，也就是拥有身份的行动主体，人们才能很好地发挥作用。我们可能只是生产关系这台大机器上的齿轮——即使我们在行动。但如果我们将自己想象成齿轮、体验成齿轮，我们就无法作为齿轮发挥作用。只有当我们不是代理人时，我们才能作为代理人"行动"。更准确地说，只有当我们不这样想象时。我们必须将自己体验为主体（无论如何想象），才能作为齿轮发挥作用。换句话说，我们的社会存在需要并促使我们分裂。我们是分裂的存在。每个人，代理人和行动者。既被动连接，又主动服从。被嵌入真实生存条件的陌生的必然性中——同时将自己嵌入想象的"自己的"必然性中。这就是我们的社会存在的矛盾逻辑。

因此，巨石之句这个笨重的自愿服从的公式表明：只有作为主体，只有作为拥有身份的行动主体，人们才能很好地发挥作用。这意味着：自愿发挥作用，自动发挥作用。[13] 因为这就是自愿服从的秘密，也是其产生巨大影响的秘密——它使我们每个人都能全心全意地自动发挥作用。

我们都追随着一种呼唤，但这种呼唤总是在变化。那么，如今向我们发出的呼唤是什么呢？如今让我们自动发挥作用的是什么呢？这个问题的另一种表述是：如今促使我们自愿服从的是什么呢？

第二章

作为自愿服从的自恋

本书的论点是，我们如今追随的主要呼唤是自恋。另一种表述是，我们如今自愿服从的方式是自恋。这不是试图用一个概念来揭示社会的复杂性，而是试图把握我们在社会中生活的特殊模式。

自恋的论点并不新颖，也不具有任何独创性。关于这一主题最著名的两本书都是几十年前出版的——美国社会学家理查德·桑内特的《亲密的暴政》（1977）*，美国历史学家克里斯托弗·拉什的《自恋主义文化》（1979）†。本书只是论述一种对自恋的特殊理解，与上述两位作家既有相似之处，又有一定差异。

桑内特和拉什这两位作家都明确区分了自恋和利己主义。这绝不是理所当然的，因为在日常生活中，自恋和利己主义常

---

* 理查德·桑内特（Richard Sennett，1943— ），美国社会学家，主要研究领域为城市社会学、身体史、观念史等，《亲密的暴政》（*Die Tyrannei der Intimität*）即《公共人的衰落》，完整的书名为 "*Verfall und Ende des öffentlichen Lebens. Die Tyrannei der Intimität*"，作者在此处使用的是副标题。——译者注

† 克里斯托弗·拉什（Christopher Lasch，1932—1994），美国历史学家、社会心理学家，曾在爱荷华大学、罗切斯特大学等地任教。《自恋主义文化》（*The Culture of Narcissism*）揭示了 20 世纪五六十年代美国乃至西方的核心性格、心理特征以及心理危机的根源。——译者注

被认为是同义词。对此，桑内特写道："利己主义者，以攻击性方式在世界上获得满足，享受他所有的和他所是的，知道如何将东西占为己有。"这并不符合自恋者的特征。[1] 拉什的论证与此相似。他也将自恋与他所说的"强健的个性"[2]区分开来，后者是一种利己主义，将世界只视为根据自己的意愿塑造的"自由的荒野"。

因此，我们可以确定，自恋与这种明显的、自信的自爱相对立。

这是一种区分。另一种是与精神分析的区分。后者显然更加棘手。自恋当然是精神分析的一个概念。这一点毋庸置疑。但与此同时，重要的是不将自恋理解为一种病态或一种性格障碍。借用精神分析的概念来描述一种新的社会常态，一种新的"社会形式"（桑内特），一种新的社会现象——"集体自恋"（拉什）。在这里，自恋也应该被视为社会形成的、社会规定的因素。然而，这两位作家的差异也是从这里开始的。因为对他们来说，这个概念分别具有不同的意义。

桑内特将自恋社会理解为"亲密社会"。它是历史衰落的结果——18 世纪怀旧的、理想化的"公共社会"的衰落。如果后者是社会风俗和行为规则的舞台，那么取而代之的就是自恋的"亲密暴政"：在这个社会中，公共领域堕落为私人自我的舞台。自 19 世纪以来，亲密的自我越来越多地篡夺了公共领域，由此产生的是各种敏感性和自我关联性（Selbstbezüglichkeit）。

拉什则批评桑内特对私人领域的表述。发达的资本主义绝不会促进私人领域的发展，而是会毁掉它。随之而来的自恋是隐私的终结，是"资产阶级个性"的终结。这是另一种衰落的故事。

这两种说法我们都不采用。我们既不将自恋理解为资产阶级主体的扭曲，也不将其理解为可悲的公共亲密。

古希腊神话中纳西索斯（Narziss）的故事也许最能说明两者的区别。在桑内特看来，这个故事指出了沉溺于自我的危险，即无论在哪里都只看到自我的形象。这样的世界关系阻碍了纳西索斯，使他无法感知自我与世界之间的差异，也就是内在与外在之间的差异。但实际上，这并不能解释为什么他只关注自己，只感知自己——为什么纳西索斯迷恋上自己的倒影，却没有认出倒影中的自己。为什么他在倒影中认不出自己呢？这种陌生感因何而起？

要想回答这个问题，我们必须回到弗洛伊德*的"自恋"概念——但仅限于它勾勒出的特定心理运作模式，而不是它描述的一种非功能性、一种缺陷——简而言之，一种病态。这里的自恋是内部世界与外部世界之间的特定关系，是世界与自我之间的特定关系。因此，我们允许自己从这个可能的角度——自恋的呼唤（narzisstische Anrufung）来解读弗洛伊德的概念。

弗洛伊德认为，自恋是心理本身的原则。人们必须全面考

---

*　西格蒙德·弗洛伊德（Sigmund Freud，1856—1939），奥地利医师、心理学家，精神分析学派创始人，著有《梦的解析》《自我与本我》《精神分析引论》等。——译者注

虑他的主张。因为这意味着自恋是一种冲动，它在个体的心理中具有自己的能量、目标和历史。

与性欲不同，自恋这种自我冲动的能量是与性无关的。性冲动完全针对外在的客体，自恋的冲动则将所有能量指向自我。这就相当于爱与被爱的区别。

就自恋在精神生活中的历史而言，弗洛伊德将其分为两个不同的阶段。

第一个阶段是最早的童年状态。婴儿与尚未成为其环境的东西处于共生关系中，因为他还不知道内在与外在之间的差异。这就是"原始自恋"（primärer Narzissmus）——一种奇妙的统一，一种无限的快乐原则，一种完美的幸福感，一种纯粹的全能感。用弗洛伊德的话来说，我们可以将其称为"海洋存在"（ozeanisches Sein）——"自我与环境之间的亲密关系"。

将人们从这个天堂里赶出去的不是罪过，而是现实的痛苦体验。例如，失去母乳的喂养。在纯粹的快乐自我这一完美状态面前，世界是外在的、干扰的、匮乏的。这样的世界就是损害原始自恋的东西。后来，父母或其他权威的劝告与社会的伦理观念也加入到现实原则的行列，成为驱逐人们离开自恋天堂的因素。除了现实原则，社会原则也会对自恋产生影响。

面对各种冲突和异议，自恋实际上应该在成长过程中逐渐消失。毕竟弗洛伊德认为，自恋只是个体发展过程中的一个插曲。然而，这正是精神分析的一个有趣教训。它表明：即使与社会观念相冲突，冲动也不会轻易消失。为什么呢？因为人们不会愿意"放弃曾经享有的满足"。[3]这种不放弃本身就是一种自恋原则！它意味着，人们不会放弃任何可以提供满足的东西。因此，原始自恋并没有简单地消失。

现在的情况分为两个方面——这两个方面都与我们的语境有关。

一方面，弗洛伊德认为，这种无所不能的感觉还残留在精神生活中。即使人们对其缺乏有意识的记忆，它也会留下痕迹。对有些人来说，这种感觉会在以后的生活中再次出现：一种"海洋感觉"（ozeanisches Gefühl），就像弗洛伊德写的那样，与宇宙密不可分，对整体的归属感。这种感觉常被解释为宗教性的。[4]宗教倾向较弱的人将这种无意识的记忆视为一种渴望——对极乐状态的渴望。这种渴望不断驱使我们找回失去的自恋。因此，原始自恋作为一种无声的冲动"存活"下来，以便恢复之前的状态。我们可以确定，人们终其一生（或多或少）都在追求这种原始幸福感。

另一方面，自恋现在发生了巨大的变化：在不放弃与社会异议之间的冲突中，自恋发生了转变。它采取了一种新的形式。弗洛伊德认为，幼稚的全能感，也就是之前的完美状态，被作为理想建立在主体身上——作为自我理想（Ich-Ideal）的权威。这种理想由此成为"失去的童年自恋的替代品"。[5]这是一个美好的想法：理想是一种替代品。它替代了一种因不需要理想而完美的状态。然而，这改变了自恋的意义：因为现在的中心不再是自我，而是理想。* 自恋从现在起与自我理想有关。这是第二个阶段：弗洛伊德将其称为"继发自恋"（sekundärer Narzissmus）。

　　这种自我理想是一种矛盾的心理权威。它是"原始自恋的遗产"（原始自恋中的儿童是自我满足的），同时源于环境的要求和影响。这里结合了两个矛盾的因素：原始自恋和认同——对父母、对他们的代表、对集体理想的认同。在这里，人们将曾经拥有的唯一直接的、非中介化的世界关系与高度中介化的世界关系结合在一起。自我理想将最亲密的东西与外在的社会观念、社会要求结合在一起。因此，它既是主体的内在性，又是作用于主体的社会权威。换句话说，自我理想是社会在主体最亲密的东西——自我关系和自我认知中的代理人。

　　弗洛伊德在这里的表述非常明确，如前所述，人"在自己面前投射的理想，是失去的童年自恋的替代品，在那个时候，他是自己的理想"。[6] 对我们来说，这里有一个词很关键——自己的。在童年时期，在原始自恋中，人是自己的理想。然而，在继发自恋中，理想不再是自己的。弗洛伊德在后文中继续强调：理想现在"除了个体的部分，还有社会的部分，它也是一个家庭、一个阶级、一个民族的共同理想"。[7]

　　随着成长，我们接受了陌生的、外在的理想，并将其视为新的、"自己的"理想。人们必须注意这种矛盾：干扰人们原始

---

* 这也清楚地表明，自恋不是自我中心主义，不以自我为中心。——原注

自恋的东西，驱使他们离开这个天堂的东西（父母的、然后是社会的形象和观念），现在却是自恋这种冲动的目标。也可以说，自恋的理想是深刻的反自恋。

然而，理想的"社会的部分"不仅来自外在，这种外在性还要更进一步：它还涉及"个体的"部分——我们自己的形象。作为理想自我（Ideal-Ich），它是自我理想的一部分，包括理想的形态、理想的形式、理想的自我形象。这种形象同样是"从外部"影响我们的。

法国精神分析学家雅克·拉康*在一个著名的场景中记录了这一点："镜像阶段"。[8]当我们回顾这一场景时，可能会为它的生动性而感到惊讶——毕竟拉康这位作家并不以生动性著称。拉康对这个场景的描述如下："在镜子前有一个还不能行走，甚至不能站立的婴儿。"†此时还"沉浸在运动无能中"的、"在运动智力方面被猩猩幼崽超越"的这个婴儿，在镜子中看到并认出了自己的形象。这是一次决定性的"啊哈体验"‡，婴儿对此做出欢呼雀跃的反应。

让我们依次列举这个"故事"中，也就是拉康所说的自我

---

* 雅克·拉康（Jacques Lacan，1901—1981），法国精神分析学家，从语言学出发重新解释弗洛伊德的精神分析学说，被誉为"法国的弗洛伊德"，著有《父亲的姓名》《宗教的凯旋》等。——译者注

† 对拉康来说，这个场景发生得太早了，而这里涉及的是一个更晚的过程。一方面，这为自我及其理想的形成奠定了基础。另一方面，这与这一过程的模范性和原则性有关。——原注

‡ 心理学术语，指思考过程中（因有效的思路或正确的理解而产生）特殊的、愉悦的体验。——译者注

形成的"矩阵"中，与我们有关的内容。

首先，镜子呈现给儿童的是一种形象，一种他尚未成为的形态，因为他尚未达到这种成熟阶段——被拉康称作"矫形"的统一的、完整的形象，"身体的完整形式"。这种理想的形象由此设定了一种距离。海洋存在的原始统一——这种直接体验和一致性，在这里发生了转变。它经历了一种分裂：形象与自我之间的差异和距离。因为理想的形象是儿童尚未成为的东西。不过，这也一劳永逸地规定了主体与理想之间的关系：正如拉康所说，与理想形象根本性的"不一致"。这里的根本性在于，人们永远无法追上这个理想性的统一。拉康认为，这使自我形成变成一场"戏剧"，这场戏剧正是从镜子前开始的。

除此之外，自我与理想之间的距离并不是中性的：因为作为完整形态的形象是一个更好的自我的形象。正如弗洛伊德所说，现在这个（更好的）自我"拥有所有宝贵的完美状态"。[9]因此，它是双重意义上的榜样：它在自我之前（由此是外在的），并且由于其完美性，它是值得追求的榜样。形象与自我之间的距离是等级性的、评价性的。与理想之间的距离和不一致，不仅使自我永远无法追上理想，还将自我引向永恒的不足。第一次形成的自我并不是一个辉煌的自我，而是一个相较于（理想的）规定始终不足的自我。

理想自我将自我定位在一条"虚构的线"上。因此，拉康将镜中的具体形象转化为抽象的东西。虚构的线是一种规定。从现在起，自我将终生追随这条线，也就是我们的理想。从现在起，自我将以这条线为导向。这意味着：从现在起，主体始终面临这样一个问题——我能否达到它呢？

自恋现在关注这种理想的自我、这种理想的形态、这种理想的形象。这是一个决定性的变化。因为这意味着自恋的转向：之前关注自己，现在关注一种"外部强加的理想"，一种"外部强加的形象"。人们再也不能轻率地将自恋称为"自我"之爱——即使后者调动了我们的自恋能量。

然而，理想的形象不仅会引发爱，还会引发"认同"。拉康认为，精神分析赋予这个概念的意义是自我转变。更准确地说，是"由形象引发的转变"。从这个意义上可以说，理想的形象发出了一种呼唤。人们通过改变自己、适应形象、认同形象来追随这种呼唤。

在拉康笔下的儿童（他对戏剧还一无所知）身上，这表现为一种"欢欣鼓舞的忙碌"，它让儿童动起来，有时甚至能站起来，尽管他还不能正常行走或站立。在生活中，理想的呼唤将反复出现。主体将反复认同理想，主体将反复试图适应——通过拉康所说的"辩证综合"来克服与理想的距离。主体将反复试图消除这种不一致：我们应该是的理想与我们实际是的现实之间的对立。

这种距离在生活中并不会缩短，反而会不断巩固：自我因此始终是一个不足的自我，它将不断试图接近理想。这种努力是徒劳的，由此也是戏剧性的。因为，正如拉康所写的那样，理想这条"虚构的线"只能"渐进地达到"。人们最多只能接近它的方位。但它仍然是无法实现的——因为它既是完美的，又是虚构的。

因此，从一开始就存在着一种无法消除的不足。由此产生了一种持续的不满足。与此同时，这种情况引发了一场旨在实现理想的不间断运动。这是一场注定永远无法实现理想的运动。我们永远落后于我们的理想，我们不断被理想驱动：模仿它，追随它，遥不可及。

这是对我们（作为主体）基本状况的展望——令人沮丧。这同时也是一种不可抑制的驱动力——专横、无法满足、坚定不移。这就是它永不枯竭的原因。它可能会（暂时）耗尽，但绝不会（永远）消失。

正是这种无法实现性促进了自我理想的第二种功能：除了作为榜样（也就是完美状态的规定）的想象功能，它还是一种控制权威。主体试图适应的榜样实际上也是一种尺度。作为更高的、更好的自我的化身，它成为小自我的标准。它成为衡量自我的尺度。自我通过它被观察、被评价。因此，与理想的关系既是一种爱的、认同的关系，又是一种控制的关系。然而，还有一个问题尚未解决：为什么人们要实现理想呢？理想"承诺"的是什么呢？

它不仅是一种承诺，更是一种诱惑、一种展望：将对原始自恋的渴望与社会的要求协调起来。

正如我们所见，自我理想是一种矛盾的权威：既是自我满足的原始自恋的遗产，又是社会影响的容器。它的目标同样是矛盾的：它想实现完美的循环，再次成为海洋存在——通过满足各种要求（这些要求打破了最初的循环）。因此，它的承诺是，只要与理想一致，你就会重新获得渴望已久的海洋存在——尽管是以另一种形式：海洋感觉。人们追随理想的呼唤，因为它"承诺"人们重回失去的天堂，重拾追求的状态。

我们现在看到了：自我理想同时是一种承诺、一种要求和一种权威形象。简而言之，我们现在可以迈出还缺失的一步，迈向我们的核心论点：自恋意味着自愿服从于自我理想。自愿服从于我们"自己的"理想形象的呼唤——服从于其个体部分与社会部分。自愿服从于更高形式的自我，自愿服从于"自我"的形象。尽管人们与这一形象并不一致，但人们仍然试图实现它。

正是这一点让离题的我们回到最初的问题：为什么神话中的纳西索斯在水中看到自己的倒影时认不出自己呢？

让我们看看这个神话。在古罗马诗人奥维德*的叙述中，纳西索斯的故事分为两部分。在第一部分中，纳西索斯在水中看到了一个令他着迷的形象。他没有认出那是他的形象和倒影，他没有认出自己，因为这个形象"融合了所有完美"。换句话说，他看到的是他的理想自我。这就解释了为什么他既着迷又认不

---

* 奥维德（Publius Ovidius Naso，前43—约17），英文名为Ovid，古罗马诗人，生前就已经确立其经典地位，著有神话史诗《变形记》等。——译者注

出自己。

这个神话是一种奇妙的安排：它戏剧性地描述了理想与自我之间的分裂，同时强调了理想的矛盾性。理想既是自我，又是非自我。它既是个体的一部分，又是"外在"的一部分。

意大利画家卡拉瓦乔 *成功地捕捉到了这一场景、这一矛盾心理。在他的画作《纳西索斯》中，人们看到这位年轻人在岸上，跪在水边的纳西索斯和他在水中的倒影共同构成了一个封闭的、完美的圆——裸露的膝盖是圆的中心，也是圆的支点，在黑暗中显得格外耀眼。这是一个完美统一的画面。

对我们来说，这种画面形式至关重要：圆的形式代表了与世界的共生关系，一种主观想象的世界关系。因为这是与一个"世界"的关系，这个"世界"只是"他的"世界、"他的"外在，只与"他的"世界观念相一致。这种形式使这幅画成为与世界统一的画面，成为海洋感觉的画面。

因此，这幅画在第一眼看到时就能产生震撼的效果。

环绕膝盖的圆形是重新获得的统一的形式——那是我们一生都在追求的幸福感。它暗示着恢复理想的因素，重现完美的状态，穿过分裂的世界。这个形式就是天堂的形式，无法挽回的原始自恋的形式。

然而，只有当外部世界既陌生又非陌生时，这幅画中完美

---

* 米开朗基罗·梅里西·达·卡拉瓦乔（Michelangelo Merisi da Caravaggio，1571—1610），意大利巴洛克画派画家，其作品以复杂的明暗对比、个性鲜明的人物著称，代表作有《纳西索斯》《捧果篮的男孩》等。——译者注

卡拉瓦乔，《纳西索斯》（1597—1599）

的圆才会闭合。也就是说，当它是"我的"外在时。卡拉瓦乔
展示了这种矛盾心理：与自己认为不是自己的东西融为一体的
那一刻。对世界的看法（自己的视角）被体验为"世界"的那

一刻。就像斯宾诺莎主义者的小太阳那样，它只是我们对它的
视角，我们与它的距离；就像被我们体验为"世界"的小太阳
一样。

简而言之，卡拉瓦乔向我们展示了：海洋感觉，也就是原
始自恋的痕迹，实际上不过是我们与世界的想象关系。卡拉瓦
乔的画作就是这种想象关系的写照。它表明，自恋就是这种关
系的纯粹形式：对纳西索斯来说，世界是他自己，同时也是他
人或他物。

这个古代神话的第二部分开始于纳西索斯在倒影中认出自
己的那一刻，他喊道："你就是我！现在我明白了，我的倒影再
也骗不了我了！"[10] 他的灭亡从这一刻开始。在通行的版本中，
纳西索斯之所以灭亡，是因为他没有在倒影中认出自己。但在
奥维德的版本中，纳西索斯的灭亡开始于他认出自己的那一刻。
神话中的先知忒瑞西阿斯（Teiresias）曾经预言："如果纳西索
斯不认识自己"，那么他只会寿终。为什么呢？

镜像阶段与神话之间的对比为这个问题提供了答案：儿童
和纳西索斯都看到了他们的镜像。两者的反应都是很高兴。儿童：
灿烂的表情，欢喜的反应。纳西索斯：陶醉，赞叹。在这两种
情况下，欣喜都源于完整的形态，都源于理想：源于呈现给仍
然"破碎的"儿童的统一形象，源于展示给美少年的完美形象。
两者都与镜像进行了某种交流。对儿童来说，他通过一系列手
势嬉戏着与镜中的手势建立了联系。纳西索斯则试图亲吻镜像，

触摸镜像。这正是两个故事的区别所在。

儿童嬉戏着"征服"了镜像。纳西索斯（最初）却误解了这个游戏，将镜像的"回答"视为一种对话："因为我经常将嘴巴弯向流淌的波浪，同样的，它的嘴巴也经常努力向上。"[11]

运动机能不成熟的儿童认同身体的统一形象。因此，他将这个形象理解为一种呼唤——一种对变化的呼唤，并追随它。然而，纳西索斯爱上了镜像（当镜像对他来说还陌生时）——爱上了完美的形象。他选择了镜像作为客体——作为爱的客体。但认识来得太迟了。他再也无法抑制（错误的）冲动能量。他混淆了以自我为中心的自恋冲动和以世界为中心的客体冲动。

他想与理想融为一体——但他追求了错误的共生。纳西索斯没有追随理想的呼唤并根据它来塑造自己——就像拉康的儿童那样，而是误解了这种呼唤：纳西索斯灭亡了，因为他想拥有理想——而不是成为或变成它。纳西索斯灭亡了，因为他不够自恋！

当纳西索斯意识到自己的欲望毫无希望时，他开始消耗自己，因为他的自我在迷恋中变得过于贫乏。正如奥地利诗人里尔克*在谈到这个神话时所写的那样，理想对纳西索斯来说是"无法实现的"。对"正常的"自恋冲动来说，这种无法实现性会成为一种无穷的驱动力，但对客体冲动来说，它会成为一种无望。

---

*　莱内·马利亚·里尔克（Rainer Maria Rilke，1875—1926），奥地利作家，20世纪最伟大的德语诗人之一，其作品题材广泛，包括诗歌、小说、随笔等，代表作有《杜伊诺哀歌》《给青年诗人的信》等。——译者注

纳西索斯就这样沉溺于冲动的混乱中。

如果卡拉瓦乔展示的是一种正确的想象关系，那么纳西索斯的故事就是一种对呼唤的错误理解。

这也许就是纳西索斯的神话给我们的关键教训：被误解的呼唤导致灭亡。反过来说，这是否意味着：如果"正确地"理解了自恋的呼唤，就不会灭亡了呢？因为自恋建立了一种"正确的"，也就是有效的、可行的想象关系。

就作为自愿服从的自恋而言，目标不是释放，而是适应和改变自己。也就是说，不是释放，而是实现理想。尽管这个理想可能永远无法实现，但这意味着，自恋的呼唤开启了一股永不枯竭的能量，一种持续不断的驱动力。这是自恋作为"社会形式"、作为社会现象的一个核心动机。

小自我与大自我（也就是理想自我）之间的关系是一种爱的、自愿服从的关系——从这一点变得显而易见的那一刻起，从我们论述理想形成（也就是继发自恋）的那一刻起，我们又回到了我们真正的主题。

从那一刻起，问题就出现了：我们还没有离开纯粹的心理过程吗？是，也不是。是：因为从那一刻起，我们超出了纯粹的心理过程。不是：因为事实表明，某些内在心理过程与某些意识形态过程之间存在结构上的相似性。然而，只有"结构上的相似性"是不够的。因为弗洛伊德认为，一个时代的理想形成不仅与个体的理想形成相似，它还提出了同样严格的要求。

在这些规定和要求中，个体的理想形成和集体的理想形成同时发生。用弗洛伊德的话来说，"集体的文化发展过程与个体的文化发展过程"是"粘在一起"的。[12]

对我们来说，"粘在一起"是这里的核心概念。例如，就像弗洛伊德写的那样，一种文化、一个社会不仅有一个超我（Über-Ich）。这个超我还与个体的超我紧密相连，也就是"粘在一起"。*

因此，这里不仅存在结构的相似性，还存在实际的重叠。也可以说，我们的精神生活在意识形态层面被结构化了。

当涉及自我理想时，我们的论述就离开了纯粹的心理过程。这并非偶然。因为理想（既包括尚未提及的超我的理想，又包括理想自我的理想）正是社会与个体之间的交汇点。它们是通往社会的大门。如果没有这种重叠，精神分析理论对意识形态理论来说就只有隐喻性的价值，而没有分析性的价值。不过，精神分析的词汇不仅可以描述现象，还可以提供概念来解释这些现象。

现在，我们不仅可以将自恋视为一种心理原则，还可以将其视为桑内特所说的"社会形式"。尽管桑内特对这种社会形式有不同的理解。在他看来，这意味着一种文化已经形成，"这种文化对公共领域的意义失去了信任，并将亲密作为衡量现实意

---

* 在我们的情况下，这是与自我理想粘在一起的问题。我们马上就会谈到这种差异。——原注

义的标准"。[13] 这并不是我们所遵循的观点。这并不是在强调现有主体的亲密扩展到公共领域，而是在强调一种被反复塑造的主体。我们首先应该成为这种自恋的社会主体。这并不是在强调这种主体用亲密篡夺了公共领域，而是在强调自恋已经成为一种社会要求。在这个意义上，自恋是一种"社会形式"：理想的大自我发出呼唤——成为你的理想！这种自恋的呼唤来自各个地方。理想向我们每个人的小自我发出这种呼唤。它已经成为一种社会性呼唤。它要求我们调动自恋的能量，促使我们建立自恋的自我关系和自恋的世界关系。它在各种内在矛盾中要求我们。这种自恋的呼唤（以这样或那样的形式）传达到我们每个人。

在这种情况下，谈论这样一种呼唤绝不是理所当然的。因为"正常的""普遍的""常见的"呼唤，也就是之前的呼唤，通常以超我的类型为根据。如前所述，这些呼唤可能因各自的权威而异：上帝、君主、国家或一个抽象的原则，例如正义。然而，从意识形态的角度来看，它们都具有一个相似的结构——超我结构。

不过，自恋的呼唤是一种特殊情况。它在运作模式、驱动类型、目标设定等方面都与众不同。也可以说，它属于另一种社会，另一种社会类型。

正如我们所见，克里斯托弗·拉什将这种社会类型描述为一种衰落：权威式家庭的衰落、压制式性道德的衰落、新教式工作伦理的衰落——人们可以将其称为超我文化的衰落。在拉什看来，这是发达的资本主义中资产阶级秩序的终结，是这种秩序的主要权威——自主自我的动摇。因此，对他来说，这种衰落表现为自恋作为社会原则出现。现在，我们才能解释为什么我们不遵循这种观点。

这种不同的观点基于对自恋的不同理解。在拉什看来，自恋意味着父权的瓦解和集体超我观念（例如父亲或老师所代表的）的衰弱——总而言之，就是"内部审查者"的衰弱，它抵消了驱动力，让"混乱、冲动的性格"得到自由发挥。这与我们对自恋的理解截然相反：我们将自恋视为自我理想的统治，对理想的自愿服从。因此，我们认为这种变化不是旧秩序的干扰或衰落，而是新的世界关系和新的自我关系的出现。这正是"自恋的呼唤"一词的意义。

为了理解这种自恋呼唤的特殊性，现在应该考虑超我呼唤与自我理想呼唤之间的差异——也就是社会超我与社会自我理想之间的差异。以下几个因素并不全面，只涉及弗洛伊德区分的几点。这里只对这些概念的使用方式进行初步的勾勒，在接下来的章节会有更详细的介绍。

第一个差异是，社会超我不仅规定了被允许和被禁止的道德法则，它还确定了所有被内化为常态的规范。在这样的秩序中，人们应该适应。如果谁满足了这种规范化的核心因素——平均水平，那么他就达到了这种规范化。

社会自我理想则完全不同：它要求我们"适应"理想。这与平等适用于每个人的规范相反。理想可能具有普遍性，但作为理想，它是特殊的、个性的。它的精髓就在于规定特殊性、规定个性。当这种特殊化取得成功时，理想便得到实现。这里存在一个有趣的矛盾：规范可以要求适应而不产生矛盾。但如何在不产生矛盾的情况下实现自我理想呢？如何规定特殊性、规定独特性呢？这是一种什么样的"适应"呢？

对要求的适应可以通过两种方式：一种情况是遵守要求，另一种情况是改变自己。

无论是在纪律上还是在道德上，都要遵守超我的命令和规范。因此，超我呼唤要求适应禁止。这意味着限制自我，要求自我占据某个位置。

相反，自我理想呼唤涉及的不是禁止，而是榜样。因此，它施加的不是道德压力，而是形成性的、在一定程度上审美性的压力。它说：你应该成为你自己。它的意思是：你应该变得更好。你不应该占据某个位置，而应该努力实现理想。通过适应理想，通过改变自己，持续不断地适应、改变。

现在，无论在超我呼唤还是自我理想呼唤中都存在两个因素：禁止功能和理想功能。但它们在两种呼唤中的混合方式不同，也就是说，统治地位不同。

在这一点上，表达模式的差异变得重要起来。不同的呼唤如何传达到它们的主体呢？超我呼唤确定了一种规则。它通过语言这一媒介传达到主体——通过父母、权威的声音和言辞。这是一种字面意义上的呼唤。自我理想呼唤则向主体展示了一个形象，正如我们所见：一个双重意义上的榜样。它既是一个形象、一个榜样，又是一种规定。主体应该根据它进行改变、适应。在这个意义上，我们理解了拉康的话：超我是"强制的"，自我理想则是"崇高的"。所谓的崇高，是指一种改进和提高。因为理想的形象最重要的一点是：它更多。它总是多于人们试图适应的、试图达到的。它比人们的自我更大。它要求人们超越自我。尽管禁止总是意味着自我的减少，但在这里，它意味着以超越自我为导向的提升。

人们对超我的遵守出于一种特殊的强制。这不是一种外在的强制，而是一种内化的强制，可以发展成一种无情的必然性。通过接受规定（连同控制、审查和惩罚），规定作为超我内化为人们的一部分。不过，这种"占领力"最严重的威胁，同时也是其最有效的统治手段是——愧疚感。超我是法则和规范的统治。但它也是权威的统治，被接受甚至被喜爱的权威——无论是个人性的还是原则性的。就这方面来说，这里也涉及认同，但是一种特殊的认同——对权威主体的自愿服从。

人们遵守自我理想，遵守理想自我的形象，则是出于一种矛盾的自爱。它以理想为导向——人们遵守是为了被喜爱。然而，这也是一种统治——同样是无情的。遵守规定也是一种服从，一种特殊的自愿服从：当大自我成为权威时，对这种理想的适应不仅是服从性的，它甚至还是对服从的强化。

对超我的自愿服从是不完全的，或者至少可以是不完全的。对自我理想的自愿服从则是完全的。因为人们无法调动任何反作用力来抵抗它。规定是一种完美，应该使其成为自己的一部分。如果这种尝试失败了，那么不是理想的接受度不够，而是理想的实现度不够。因此，当这种尝试失败时，出现的是一种与愧疚感完全不同的感觉：一种毁灭性的自卑感，一种全方位的受委屈。

但与此同时，这种失败是不可避免的，因为理想总是更多。它总是要求更多，它总是遥不可及——如前所述，人们只能"渐进地"接近它；它只能以某一点、某一刻的方式被满足。

因此，理想既提供了持续的接近，又提供了必然的失败。这产生了一种特殊的驱动力。自我理想是一个暴虐的统帅，它持续不断地驱动着自我。在自我理想的暴虐要求中，我们与原始自恋的幸福感之间的距离达到最远：自恋是理想的暴政——而不是亲密的暴政。

在这里，我们第一次遇到了一个极其惊人的现象：社会自恋的痛苦。这之所以令人惊讶，是因为意识形态常被理解为一种虚幻的安慰，一种虚假的田园诗，一种应该掩盖痛苦现实的表象。出乎意料的是，意识形态关系本身就给我们带来了痛苦。意识形态的一个特征尤其明显：这种自恋不仅提供了虚假的安慰，还施加了真实的压力。

更令人惊讶的，是它产生的影响：人们几乎不能摆脱这种自愿服从。正是这种痛苦性让自恋成为几乎无法摆脱的纠缠。

驱动力的"特殊性"，纠缠的无法摆脱性，正是这两个因素

使自恋的呼唤对社会如此有趣、如此有用。*

　　这里被列举、被区分的某些差异，将在接下来的内容中以这样或那样的形式再次出现。但现在，我们将所有因素聚集在一起，提出另一个论点：我们自愿服从的方式发生了变化。这可以理解为从超我呼唤到自我理想呼唤的转变。如果个体和集体是"粘在一起"的，那么这种转变就表现为一种社会变革。因为意识形态和心理的变化是社会变革的结果。用阿尔都塞的话来说，当真实的生存条件发生变化时，想象的关系也会发生变化。

　　不过，与这个论点有关的问题是：如果自愿服从通过自恋发挥作用，那么这意味着什么呢？如果一个社会通过反社会原则发挥作用，那么这对这个社会意味着什么呢？如果自恋的反社会性已经成为社会的运作模式呢？

---

*　关于我们最初的问题，我们现在可以确定：新冠疫情期间的呼唤一定是以自恋的形式发出的。毕竟，它如今占据主导地位。目前尚不清楚如何准确理解这种呼唤。这个问题将在接下来的内容中得到澄清。——原注

第三章

新自由主义的号角

一个社会具有两种逻辑

我们面临这样一个问题：如果一个社会通过像自恋这样的反社会原则发挥作用，那么这对这个社会意味着什么呢？

为了理解这个问题，我们必须先拐个弯。这要从德国社会学家赫尔穆特·杜比尔*的一篇文章说起。在《后自由主义社会性格》（"Der nachliberale Sozialcharakter"）一文中，杜比尔描述了资产阶级社会的运作模式。[1]与人们的想法相反，尽管这个社会与资本主义同时存在，但它并不承认市场规则的有效性是唯一的、无限的。从历史的角度来看，资产阶级社会从来都不是只有一种运作模式，而是有两种。换句话说，即使在古典资本主义社会中，也并非一切事物都遵循资本逻辑，总有一些领域被排除在外。在杜比尔看来，教育、艺术、文化、家庭和爱情就在其中。这些领域遵循自己的逻辑，它们有基于非经济原

---

* 赫尔穆特·杜比尔（Helmut Dubiel，1946—2015），德国社会学家，曾任法兰克福社会研究所所长、吉森大学教授，1993年被确诊患有帕金森综合征，著有《你好，帕金森》《社会批判理论》等。——译者注

则的运作模式。这种双重的运作模式绝不是偶然的。这就是问题的关键所在。

杜比尔指出，资产阶级作家长期认为有必要通过文化、道德、伦理或政治的限制来缓解自由竞争的破坏性。市场领域所需要的功利主义、自私和自负，应该在其他领域通过利他主义、忠诚和公平等原则加以限制。例如，人们在家庭中团结和睦，不以自由竞争为导向。这不仅限制了资本逻辑，甚至还制止了资本逻辑。因为这种组织原则不仅是独立的，而且与经济原则相对立。杜比尔认为，在这个意义上，资产阶级市场社会是一种"矛盾的结构"。它不仅整合了两种不同的逻辑、两种运作模式，而且通过反资本主义原则来保持稳定。因为正是这些原则平衡了社会层面的破坏性后果。它需要这样的对立逻辑，才能作为市场社会发挥作用。

因此，该文章的论点是，如果在经济中占据主导地位的个人利益最大化原则不受限制，就会产生破坏性的社会后果。这一原则需要通过团结、互惠的对立原则来加以缓解、遏制和限制，例如通过道德、文化或家庭凝聚力。这些对立原则通过限制资本主义的利润追求、市场理性来稳定社会。之所以限制资本主义，是因为它不受限制地发展、扩张是对社会的破坏，是反社会的。这是一种通过对立来实现稳定的矛盾。

与我们的语境有关的是，这些原则、这些领域在很长一段时间里都坚持自己的立场。尽管资本关系可能对它们产生影响——从家庭到艺术，但它们仍然保持相对的自主性。正是通过这种自主性，它们保证了社会的运转。正是因为它们（相对地）

脱离了市场逻辑，它们才在总体上稳定了社会。杜比尔的两种逻辑是否符合我们在第一章对想象关系和真实条件的区分，即与世界的个人关系和匿名社会的生存条件之间的差异？答案是，部分符合。

对于这种双重逻辑，社会学有一对不太迷人的术语，它将其称为系统整合和社会整合。就系统整合而言，在没有双重逻辑参与的情况下，个体是通过经济关系被动整合的。换句话说，通过那些超出个体意愿的关系。而就社会整合而言，个体则是通过遵守规范、实践和传统主动整合的。因此，在杜比尔看来，主体是以两种方式融入社会的：系统融入和社会融入。

杜比尔认为，前资本主义道德的遗产是社会融入的保证：社会整合的基础是古老的工作伦理，是古老的义务感。"非理性的接受和追随意愿"（用我们的术语来说就是"自愿服从"）消耗了封建的忠诚观念。资本主义社会长期依赖于旧道德、旧工作伦理等前现代残余。在杜比尔看来，资本主义社会不得不"准寄生"于它们，因为它本身无法产生这些东西。

杜比尔在文章中分析出了危机，对他来说，这种危机始于这种矛盾的条件（资本主义的"道德靠垫"）耗尽之时。耗尽意味着道德库存的枯竭，无法再补充，无法再生产。

在 20 世纪末，杜比尔认为市场行为超出了边界，不再受任何非市场规范的足够限制。在这种双重逻辑、双重功能的侵蚀中，杜比尔看到的是资产阶级社会的真正胜利——而不是它的衰败。

杜比尔提出了一种新的社会性格（Sozialcharakter）——所谓的"后自由主义社会性格"。这是一个值得怀疑的社会学概念，因为社会性格描述的是一种类型，这种类型应该是某种社会的精确反映。但杜比尔对资本主义社会运作模式的分析违背了这一点，它不是市场关系的反映或映像，而是两种反向、对立、矛盾的逻辑。更重要的是，社会性格的功能（产生符合规范的行为）与杜比尔勾勒出的意识形态的功能——反向社会整合相矛盾。

那么，为什么他要谈论"后自由主义社会性格"呢？

因为对杜比尔来说，资本主义社会的传统运作条件已经不复存在，再也没有足够的道德库存来限制资本逻辑，这意味着系统逻辑的无限扩张。市场命令进入了那些之前抵抗和排斥自己的领域，这就是市场逻辑唯一的、不受限制的、未经过滤的统治地位。这导致了一种同样超出边界、不受约束的个人主义，这种纯粹的功利主义只追求利益最大化，破坏了所有公共性的庇护，同时也破坏了所有关怀和团结。在所有阶级中都是如此。在杜比尔看来，这导致了很多病态现象：从社会整合的瓦解到只代表非政治性个体利益的工会，从消费主义、享乐主义到自我关系的严重危机。

简而言之，"后自由主义社会性格"的出现对杜比尔来说似乎是一种症状，因为一个不受限制的资本主义社会、一个未经过滤的市场理性社会的噩梦是不可能成功的，它的倾向太具破坏性了。因此，谈论"后自由主义社会性格"，意味着将其理解为一种不可能性的"反映"，一种反社会、功能失调的系统的"映像"，它必然导致的病态现象表现为一种症状——自恋的社会性格。那么，杜比尔的分析是否符合我们的概念呢？

就社会双重的、矛盾的运作模式而言，我们遵循杜比尔的思路。但我们对此有不同的理解：一方面是想象的、实际的关系，另一方面是真实的、给定的条件。关键在于，这种想象既不一定是道德的，也不一定是前现代的残余。换句话说，它不一定具有限制作用，但仍然可以是一种对立原则。人们必须清楚地认识到这一点的意义：还有一些对立原则，既不符合资本逻辑，又是非道德的，也就是不具有约束、限制和遏制的作用。如今占据统治地位的自恋正是这种情况。

这意味着，我们如今也没有一个由市场逻辑统治的社会——其后果是自恋的病态。我们如今其实拥有两种不同的运作模式——真实的条件和想象的关系。因为没有想象的关系就没有社会。这些关系绝不是从旧义务中获得的。但更重要的是，它们不具有限制作用，反而具有增强、提高和激励的作用。因此，自恋对我们来说既不是单一逻辑的资本主义社会的症状，也不是运作失灵的病态症状。

克里斯托弗·拉什，我们在第二章提到过他，在自恋者身上看到了与迷失的后资本主义相适合的社会性格。他认为，这就是资本主义引发的现实，这就是纯粹竞争社会的真相，这就是资本主义的"真面目"。相反，我们坚决主张：自恋者并不符合系统逻辑。换句话说，自恋者不是发达的资本主义的现实，而是它的想象。他仍然属于另一种逻辑。自恋既不是限制性的道德，也不是真实的市场逻辑。它反而更符合我们对市场逻辑的想象。*因此，它是一种全新的对立原则。自恋作为对立原则的新颖之处在于，这种自恋倾向不久前还被视为是反社会的。为了限制这种倾向，人们动用了多少道德和社会权威——从将限制自恋视为义务，到对一切私欲的道德谴责。如今，自恋已经从一种需要打击的邪恶变成了一种驱动模式。我们的想象层面发生了显著的变化——这种变化与真实条件的变化同时发生。那么，这些变化是什么样的呢？

福柯与新自由主义

为了澄清这个问题，让我们先回到杜比尔的噩梦：资本主义将完全发展。它将取代一切对立逻辑，并在系统逻辑的孤独统治中取得胜利。这种情景预示着什么，杜比尔感觉到的是一种变化、一种转变——但他还没有完全理解它。那么，它究竟是什么呢？

1979 年，法国哲学家米歇尔·福柯†在巴黎的一所精英大学——法兰西公学院（Collège de France）讲授课程[2]时，对杜比尔的噩梦进行了认真的描述。‡福柯勾勒出的变化在当时还很

---

* 正如杜比尔所做的那样，这种想象的关系不一定要归入特定的社会领域（例如家庭或艺术），它更多的是一种特殊的、随处可见的世界关系。——原注

† 米歇尔·福柯（Michel Foucault, 1926—1984），法国哲学家，主要研究权力、知识和自由之间的关系，对人文学科产生了重要影响，代表作有《词与物》《知识考古学》《规训与惩罚》等。——译者注

‡ 这些讲稿是在杜比尔的文章（2004 年法语版，2006 年德语版）之后出版的。——原注

新颖。但如今，这些变化在"新自由主义"（Neoliberalismus）这个关键词下已经为人所熟知。福柯很早就描述了这条发展道路。

必须说明的是，这些讲座课程中的福柯致力于一个对他来说不同寻常的主题：自由主义理论。他授课时的身份是这一理论的解释者，而不是其代表人物之一。

作为这样一位解释者，他从两个方面定义了新自由主义：它既是解释原则，又是政治经济方案。两者有一个相同的目标——使社会和经济合理化。换句话说，根据特定的理性观念对社会和经济进行重塑。让我们沿用福柯的表述：方案和解释原则。

福柯认为，这种重塑的方案在于使市场成为社会的调节原则。这并不是人们直接理解的那样——要将一切都变成商品，要将社会完全定位为交换。对福柯来说，这是另一个社会的原则——大量生产的社会。它通过大批量生产的商品来实现一致性——标准化和规范化。正如福柯在 20 世纪 70 年代末所说，我们已经不再处于这个阶段。在当时，新自由主义理论家心目中的社会的核心原则不是商品交换，而是另一种机制——竞争。一切都应该以竞争为导向。在福柯看来，这导致了焦点的转移：从一致性转向差异性。竞争并不是要让人们变得一致，像大批量生产的商品那样标准化。相反，竞争是关于人们差异性的"比赛"。竞争的主体是经济人（homo oeconomicus）*，一种经济存在，但不再是旧意义上的交换的人，而是新意义上的，即与他人竞争的企业家。显然，如果这种新的调节原则得到贯彻，其影响

---

* 经济学术语，指以完全追求物质利益为目的而进行经济活动的主体。——译者注

将是巨大的。

　　但通往这样一个新自由主义社会的道路既不是强制的，也不是笔直的。*即使在福柯的表述中也是如此。中断出现在德国的"秩序自由主义者"那里。他们与"二战"前的一种经济理论（由"弗莱堡国民经济学派"†于20世纪30年代提出）有关，但他们在"二战"后才迎来鼎盛时期。福柯提到了他们的名字：瓦尔特·欧根、威廉·勒普克和阿尔弗雷德·穆勒-阿马克。不过，德国的秩序自由主义主要与另一个名字联系在一起：路德维希·艾哈德（Ludwig Erhard）——联邦德国基民盟‡经济部部长，"德国经济奇迹之父"和"社会市场经济之父"。这些"二战"后的保守派代表了旧保守主义和新自由主义的混合形式，直到20世纪60年代仍然具有政治意义。

　　福柯认为，即使对秩序自由主义者来说，竞争也是首要问题。他们的最高目标是保护竞争。对他们来说，这意味着以竞争能

---

* 我想强调的是：所谓的朝圣山学社（Mont Pelerin Society）将新自由主义重新概念化，同时对其进行战略性规划并实施，仅仅是一个故事而已。——原注［朝圣山学社是一个由奥地利裔英国经济学家哈耶克（Friedrich August von Hayek，1899—1992）于1947年发起成立的新自由主义学术团体，主张资本主义和市场自由的普遍性。——译者注］

† 又称弗莱堡学派，是一个以弗莱堡大学为中心形成的新自由主义经济学派。该学派反对自由放任和垄断现象，主张自由竞争和有限的国家干预，为德国的秩序自由主义和社会市场经济提供了理论依据。下文提到的瓦尔特·欧根（Walter Eucken，1891—1950）、威廉·勒普克（Wilhelm Röpke，1899—1966）和阿尔弗雷德·穆勒-阿马克（Alfred Müller-Armack，1901—1978）均为其中的代表人物。——译者注

‡ 即德国基督教民主联盟（Christlich Demokratische Union Deutschlands，德语缩写为CDU），简称"基民盟"，是联邦德国最大的政党之一。——译者注

自由进行、自由发展的方式组织社会。这不仅需要相应的经济政策，还需要适当的社会政策。福柯对此有很好的表述：秩序自由主义者的这种社会政策具有一种"经济-伦理的二义性"。

一方面，秩序自由主义者希望将企业模型普遍化——使其成倍增加并广泛传播。从这种经济模型中会衍生出一种社会模型：所有社会关系都应该以"投资-成本-利润"三要素为导向。另一方面，秩序自由主义者希望"个体不再对其工作环境、人生、家庭、家人、自然环境感到疏远"。[3]在福柯看来，这是为了恢复"温暖的"道德价值和文化价值，进而抵抗"冰冷的"竞争机制。对"二战"后的德国秩序自由主义者来说，恢复是一个有意义的概念：这些"温暖的"价值与社会价值有关，为个体提供了一个锚点、一个港湾。换句话说，恢复法西斯主义之前的旧社会，进而抵抗秩序自由主义者想要建立的自私的、无情的社会。

福柯认为，秩序自由主义者的梦想是一个"为了市场并反对市场"的社会：既以竞争为导向，同时又弥补其缺陷。这就是所谓的"经济-伦理的二义性"。在这里，我们再次看到杜比尔的模式：一个具有两种运作模式、两种逻辑的社会。秩序自由主义者不仅依靠相同的模式，而且依靠杜比尔给出的相同的论证：竞争为市场经济创造了合适的秩序，但它不是社会的组织原则。因为从道德和社会的角度来看，竞争就像一种"社会炸药"。它的作用是瓦解、分离，而不是团结、整合。基于这一发现，人们需要一些反作用力来弥补市场原则社会的缺陷。与杜比尔的对立相似，秩序自由主义者心目中团结、整合的社会政策具有同样矛盾的功能：它应该通过对立来增强系统。

正是这种二义性让福柯对秩序自由主义者产生了怀疑。

在福柯的论述中，这正是"美国新自由主义"与所有其他自由主义变体的断裂之处。与双重逻辑的二义性形成鲜明对比的是，这种无政府资本主义提供了"严格、绝对和详尽的激进性"，福柯对此不无钦佩之意。[4] 这种激进性在于，将经济形式完全普遍化——无须为由此产生的社会失衡和社会问题付出修复成本。这意味着拒绝一切形式的修正和缓冲，但这并不意味着政治不应再干预。福柯指出，新自由主义绝不是人们普遍认为的自由放任主义，任由经济自由发展。相反，它确实需要一种干预政策——只是这种政策的思路不同：它不应该平衡竞争的社会成本，它只应该消除那些可能阻碍竞争的机制。正如福柯所说，不是免于竞争，而是保护竞争。因此，它不是为了修正或调节市场的破坏性影响——福柯认为，社会与经济过程之间不应该存在"分隔墙"。换句话说，没有第二种逻辑通过反对资本主义来促进资本主义，没有第二种组织原则通过限制资本主义来增强资本主义。新自由主义是一种单一的文化，一种单一的逻辑。这就是杜比尔的噩梦：一个如此全面的资本主义观念，以至它不再需要任何缓冲。更准确地说，这不再是是否需要缓冲的问题，而是社会不应再提供这样一种缓冲。

竞争作为唯一原则，意味着一个全面竞争的社会，所有领域的竞争。福柯谈到了一种无限的、绝对的普遍化。然而，要想使竞争的经济形式普遍化，甚至成为唯一的组织原则，它还必须扩展到所有可能的对立领域。无限性意味着：竞争机制必须涵盖非经济领域，并将它们重新编码。

新自由主义的改造方案旨在实现单一经济逻辑的无限统治。然而，如前所述，新自由主义理论不仅是一种方案，它还是一种解释。更准确地说，新自由主义方案建立在一种解释模式、一种分析框架上。它是对整个社会的经济解释，同时也是对非经济领域的经济解释。然而，解释这个概念太弱了，它暗示着一种纯粹的理解和把握——可以说是一种无趣的解释学。但实际上，它是完全不同的东西：对意义的主动控制，对意义的重新编码。简而言之，它将所有社会事件完全纳入经济范畴。可以说，将所有社会事件完全转化为一种思维方式，一种市场语言。所有社会关系（人与人之间的关系、人与自我之间的关系）都要用这种市场语言、竞争语言、单一经济逻辑来表述。从严格意义上说，所有社会关系，无论是家庭的、友谊的、职业的，甚至是与自我之间的关系，都应该根据"投资-成本-利润"的模型来理解、把握、解释和存在。

这是一种特殊的控制方式：这种话语是描述性的，同时也是施事性（performativ）*的。因此，它既是一种描述，又是一种改造。两者遵循同一种逻辑——都是经济范畴、市场语言。新

---

* 语言分析哲学术语，由英国哲学家约翰·朗肖·奥斯汀（John Langshaw Austin，1911—1960）提出。奥斯汀早期区分了施事性话语（performative utterance）和述谓性话语（constative utterance）。前者是指无真假的用于行事的话语（语言本身就是行为），后者是指或为真或为假的用于陈述或描述的话语。——译者注

自由主义理论的目标既是以自己独特的方式理解世界，又是以自己独特的方式塑造世界。它旨在建立一种全面的世界关系。在这个意义上，它既是经济理论，又是意识形态。不过，它是一种特殊的意识形态。

一种假装不是意识形态的意识形态。因为市场语言是一种诡计：真实的条件不会说话——正因为它们是真实的。也可以说，它们之所以是真实的，是因为它们不说话。因为它们构成了一种客观的、匿名的结构。但任何言辞都意味着主观的维度、主观的视角。因此，市场语言是不存在的。例如，将我们的社会关系从友谊的观念转化为投资和利润的问题——这样一种转化仿佛受客观的市场范畴的引导。但实际上，这只是符合意识形态观念的个人计算。因此，新自由主义以意识形态的诡计为基础——仿佛经济关系和主体可以被归结为同一种逻辑，在一定程度上是同步的。

向市场语言的转化意味着什么呢？这一点在这种意识形态的核心范畴上表现得最为明显——广为引用的人力资本（Humankapital）。

人力资本旨在取代劳动力的概念。作为人力资本，员工也被置于资本的基础上，被转化为资本关系。他从劳动力变成了自我的企业家（Unternehmer jemandes selbst），正如福柯所写的那样，他"是自己的资本，自己的生产者，自己的收入来源"。[5]

这里清楚地展示了经济框架的扩展、新自由主义理论的风潮意味着什么：不是要成为旧领域的占领者，而是要统治一个完全结构化的新帝国。

将被剥削劳动力的员工变成人力资本有什么意义呢？作为人力资本，"整个"人可以并且应该被把握。这里的把握具有双重意义：既包括抓住，又包括重构。因此，正确的表述不是劳动力被转化，而是人——"完整的"人成为这样一种人力资本。经济领域的扩展意味着将一切都视为资本关系，尤其是与自我的关系。对自己进行足够的投资，这就是人力资本问题。这不仅加大了控制的力度，而且扩展了控制的范围。人就是这样被转化为市场语言的。作为成本效益因素，人不仅在他人的计算中，而且在与自我的关系中——他不过是自己的计算。这样一来，可控制的和可利用的不再局限于简单的劳动力，而是包括人类的全部潜能，也就是身体和心理、物质和精神的潜能——一切有助于提高工作能力的因素，或能为此做出贡献的因素。这就提高了个体的收益。

但福柯认为，这并不意味着个体与经济关系的联系短路了——这些关系"超越他们，将他们与一台他们无法控制的巨大机器联系在一起"。[6]这是典型的左翼表述。然而，从新自由主义的角度来看，个体不应该与巨大的经济机器连接，反而应该利用自我——作为自己的人力资本的企业家。不再出于超越自我、无法控制的真实条件来思考主体，意味着赋予主体与自我连接的权利。正如福柯所说，这不仅提高了利润，还降低了成本。

福柯将这种矛盾关系概括为"能力机器"（Kompetenz-maschine）这一令人惊讶的概念。

在福柯看来，员工的技术、能力构成了一台他自己的机器。他的技能是可以连接的，是可以利用的。然而，福柯认为，员工绝没有被异化。这就是问题的关键所在：他并没有被连接到一台外在于他、篡夺他人性的机器上。作为能力机器，员工其实是成为他自己的机器——就像他成为他自己的企业家一样。他成为他自己的机器，生产出某种东西，即收入。

福柯在另一个令人惊讶的表述中说，这种能力机器现在是"一种无法与员工分离的机器"。[7]员工现在是的或他应该成为的这台能力机器与员工并不完全相同。尽管它与他不能分离，它与作为人类的他密不可分。能力与员工构成"统一"，但能力不是员工。可以说，这个人，这个员工，代表了他的能力，在一定程度上代表了他的机器。

这是一种独特的颠倒。它的目标是双重的。

首先，个体的资源成倍增加：不仅是心智方面和情感方面的能力，更重要的是核心因素——自我驱动（Selbstantrieb）。能力机器是自我推动、自我驱动的机器，这是应该开发的核心资源。自我驱动是对一个我们熟悉的概念——自愿性进行的重新编码和转化。这样一来，我们就达到了第二个目标——直接利用这种资源。因此，能力机器意味着：不绕开精神生活的自我驱动，没有自愿服从的自我驱动。

这可能就是福柯对这一概念着迷的原因。他写道，在这个观念、这个方案的视野中有一个社会，在这个社会中，游戏规则发生变化，环境被改变、被操纵。但关键在于，这个社会"不会从内部征服个体"。[8]这个句子是我们问题的核心。将社会还原为一种逻辑意味着，新自由主义是一种不需要个体内在服从的资本主义系统。在这里，我们不仅达到了这一概念的决定性因素，还达到了它与我们立场之间的最大差异。

这应该如何想象呢？什么时候不需要内在服从呢？

只有当主体没有自我的维度时，只有当人们可以收回这个维度、消除内在性时，人们才能放弃内在服从。这样做的前提是，主体可以完全转化为市场语言。就像资本主义中的主体是没有想象的主体一样。也就是说，主体只作为人力资本，只作为能力机器被（无论是他人还是自己）想象、理解和体验。这样就不需要自愿服从，也就不需要与真实生存条件的想象关系。这样就只有一种关系——市场关系。只有当主体的内在性被一种逻辑完全同化时，才可能出现没有内在关系的真实变化。换句话说，新自由主义认为不需要新自由主义的主体。

杜比尔的噩梦正是福柯的梦想。他对新自由主义的迷恋（不得不这样说）因此而起：结束"经济-伦理的二义性"，走向一个社会的明确性。这个社会似乎不需要心理补充，不需要内在支持。没有想象，只有真实的生存条件。福柯的梦想是超越这种差异的社会。

如果不需要新自由主义的主体，就不需要内在服从，那么像社会化或呼唤这样的概念就变得多余，一个简单的刺激-反应模式就够了。无须内化，只需影响主体的环境，设置"积极刺激"，就可以对主体进行简单的操纵。*因此，与新自由主义相适合的心理学是行为主义，它只关注外在行为。

让我们看看行为主义及其行为技术是如何通过市场语言表述的。

这一点在下面这个问题中尤其明显：非先天的人力资本是如何形成、获得的？新自由主义理论的回答是，通过教育投资。这种投资远远超出了学习和职业培训的范围。福柯引用了一个例子来说明这种人力资本投资："当孩子还在摇篮里时，母亲与孩子一起度过的时间。"福柯认为，人们知道这种关怀时间"对能力机器的形成非常重要。或者说，对人力资本的形成非常重要。如果父母或母亲投入的时间很多，那么孩子就会适应得很好，但如果他们投入的时间很少，那么孩子就会适应得很差"。[9] 就这方面来说，这种纯粹的关怀时间被视为投资。

当然，福柯在这里引用的例子会对听众产生影响（毕竟这是一堂讲座课）。作为对孩子能力机器的投资，母亲的时间当然有助于说明新自由主义的激进性，但它也在无意中说明了这一理论的不足。

因为这种激烈的表述让人们忘记了：为什么母亲要花费这

---

* 通过正向激励实现的操纵和行为引导一直是如今的热门话题——在新冠疫情期间更是如此。——原注

些时间，为什么这会对孩子产生如此大的影响？这显然不是新自由主义分析的问题，它只关心效果，它只关心时间与效益的对应关系。但当人们这样描述和分析这样一种过程时，借助的是谁的视角呢？是母亲的视角吗？不是。是经济学家的视角，是外部的视角。从经济学的角度来看，将这个过程分析为对人力资本的投资、对孩子能力机器的培养是否可行呢？即使我们不考虑这一点，仍然存在一个问题：这种描述甚至不符合新自由主义的逻辑。

因为它忽略了效果的来源及其原理。

如果这里的"刺激"——也就是有针对性地操纵外部环境，应该"发挥作用"，那么它就不能被视为刺激。如果母亲的关怀应该产生效果，那么它就不能被视为刺激。同样的，如果孩子因接受关怀而产生预期的"反应"，那么这个反应就不能是简单的反应。简而言之，根据新自由主义的逻辑，如果这是一种"投资"，可以增加所谓的人力资本，那么它就不能被还原为这样一种投资，那么它就不能被视为这样一种投资。将这个过程描述为人力资本的提高，意味着消除主观的维度。这并不（完全）符合经济学的原理。因为这意味着：将这种描述视为决定性描述，将母亲和孩子的想象还原为对实际过程的掩盖和伪装。正是在这一点上，这种分析的不足构成了一个错误。

因为想象层面是无法消除的。这个过程不能被还原为刺激-反应模式——因为它不是这样运作的。关怀的效果也不会在主体的背后，也就是准客观地独立于其情感"幻想"之外，成为对人力资本的成功投资。因为关键在于，即使在新自由主义的逻辑中，投资的合理性也需要通过主观因素的"迂回"才能发挥作用。即使不将人性神秘化，也有一些东西是这种经济解释无法应对的，即心理的运作模式。

如前所述，这种新自由主义逻辑所依赖的心理学是行为主义。行为主义一直将自己视为精神分析的极端对立方案，尤其是在初期阶段，它还被认为是一种挑战。因此，精神分析学家雅克·拉康在一次研讨会上断然拒绝了行为主义的梦想，即梦想通过有针对性的刺激来"触发"预期反应，进而简单地操纵人类行为。这并非偶然。拉康的拒绝以巴甫洛夫*的著名实验为背景。实验的设计已经众所周知了：一种声音刺激。在常见的版本中，这是锣的声音——而在拉康的版本中，巴甫洛夫自己吹响了喇叭（可能是在系列实验开始时）。我们保留这种说法，因为巴甫洛夫吹喇叭的形象具有不可否认的魅力。巴甫洛夫用喇叭发出声音，然后实验狗得到一块肉。通过重复，应该形成一种条件反射，也就是喇叭的声音足以"触发"狗的唾液分泌，否则只有在看到肉的情况下才会触发。

动物对声音这一符号的反应应该与其对肉这一现实的反应相同。这样一种条件反射（对特定刺激的反应被训练出来）应

---

* 伊万·彼得罗维奇·巴甫洛夫（Ivan Petrovich Pavlov，1849—1936），俄国生理学家，经典条件反射学说和高级神经活动学说的创始人，1904 年获诺贝尔生理学或医学奖，著有《大脑两半球机能讲义》等。——译者注

该能证明行为的可操纵性。

拉康则认为，这个与狗有关的实验所展现的东西是无趣的。在拉康看来，这只是一个微不足道的奥秘，因为操纵并没有改变狗的本性，喇叭只是触及了已经存在的东西。这里展现的实际上是完全不同的东西。提供证据的不是狗，而是设计这个实验的巴甫洛夫。这个实验首先证明了一件事：巴甫洛夫作为科学家的存在。这一点已经得到确认。通过他的刺激-反应模式，他只是"以颠倒的形式得到了他自己的信息"。[10] 因为在这个实验中，被满足的不是狗的欲望，而是巴甫洛夫的欲望。是巴甫洛夫和他的喇叭在设计中得到了好处。对拉康来说，这个与狗有关的实验只能证明，人们在反应中发现的东西必须在此之前就已经存在。因此，拉康将巴甫洛夫的行为主义称为一种意识形态。对应到我们的主题，这意味着：人们必须已经是自我的企业家，必须已经将自己视为自己能力的代表、自己能力机器的化身，才能对新自由主义的号角做出反应。正如福柯在谈到国家和竞争时所说的那样，仅确保框架条件是不够的，通过改变环境来低成本地影响行为也是不够的，只有当主体已经是这样一个主体时，"刺激"才会发挥作用。

那么，当新自由主义认为不需要内在服从时，意味着什么呢？当它想消除想象——却想利用精神的力量时。当它想通过框架条件和操纵，就像一种刺激来触发自我驱动时。当新自由主义吹响巴甫洛夫的喇叭时。当新自由主义的号角应该取代主体的呼唤时：刺激-反应而不是呼唤和回应，条件反射而不是自愿服从，这又意味着什么呢？这意味着新自由主义存在一种误解。仿佛新自由主义可以在没有新自由主义主体的情况下实现。仿佛关系的改变在于收回和消除主体层面。所有这些都意味着，这种"理论"是行不通的。因为这种"理论"基于一个错误的前提，基于对主体运作模式的错误理解。换句话说，这样一个单一经济逻辑的社会是行不通的。不是因为缺乏凝聚力——就像秩序自由主义者认为的那样，而是因为我们这些主体的运作模式不同。对单一经济逻辑的梦想没有考虑个体的心理倾向。这种梦想是新自由主义的幻想。

因此，作为一种社会理论，新自由主义是错误的。纯粹的、真实的生存条件这一概念变成了它的对立面：一种意识形态，一种无法发挥作用的意识形态。

但在过去几十年里发生了变化，各种巨大的变化，人们将它们都称为新自由主义。这是否意味着新自由主义的观念已经占据主导地位——尽管其对个体和社会的想法是错误的？或者说，这是否意味着占据主导地位的不仅是新自由主义？换句话说，占据主导地位的东西是否符合理论上的新自由主义？

我们不仅在谈论新自由主义，我们还在谈论发达的资本主义。由此产生的问题是：如果我们既不涉及简单的操纵，也不涉及精确的社会性格，那么我们与这种发达的资本主义之间的想象关系是什么呢？我们用什么其他逻辑、第二逻辑或对立逻辑来促使其稳定呢?

寻找新自由主义的主体

我们在寻找新自由主义单一逻辑幻想想要掩盖的主体,在寻找我们与发达的资本主义之间的想象关系。在这个过程中,我们先将目光转向乌尔里希·布吕克林[*]。

这位德国社会学家描述了福柯讲座之后近三十年间发生的事情。[11]

在布吕克林的作品中,我们再次遇到了在福柯那里见过的形象:自我的企业家。这种企业家是自己的资本,利用自我。但他已经发生了变化!他从一个概念变成了一种指导形象。2007 年,布吕克林可以确定,自我的企业家已经成为占据霸权、统治地位的主体类型。作为一种指导形象,它既是人们行为的榜样,又是一种要求——像企业家一样行事!像经营企业一样生活!独立,负责,主动!我们都熟悉这种论调。

对我们来说,布吕克林的分析具有双重意义。首先,他对问题的定义是矛盾的:经济理论和经济方案希望消除主体的层面,同时又将自我转化为一种指导形象,并且通过这种形象产生影响。这种指导形象与我们的自恋者非常相似。其次,布吕

---

[*] 乌尔里希·布吕克林(Ulrich Bröckling, 1959—),德国社会学家,弗莱堡大学教授,主要研究领域为文化社会学、人类学等,著有《后英雄时代》《自我的企业家》等。——译者注

克林提出了这样的问题：这种形象是如何成为榜样的？这种形象是如何产生影响的？这种主体类型是如何进入社会的？这样的观念、这样的方案是如何影响个人行为的？

布吕克林假设，个体是作为自我的企业家被"定位"的。他明确指出，个体是作为市场主体被呼唤的。这里再次出现了"呼唤"的概念，也就是构建我们身份的呼唤——但改变了形式。因为布吕克林将其理解为一种"真实的虚构"。真实的虚构意味着：人们还不是市场主体，但却被如此定位。他们被如此称呼，"仿佛"他们已经是自我的企业家。这种"仿佛"、这种虚构应该改变那些被呼唤者。如果人们总是被定位为自我的企业家，他们就会慢慢转变、成为这样的人；他们就会根据虚构的称呼真实地行事；他们就会与自我建立一种关系，将自我视为自己的资本；他们就会根据投资和利润的标准来规定自我和自己的行为。

布吕克林认为，自我的企业家这一概念并不描述现实。相反，它试图创造一种现实，引发一种变革。在这个意义上，它是一种真实的虚构。乍一看，布吕克林的真实的虚构与我们的呼唤相似。但仔细观察就会发现，正是这种相似性掩盖了本质上的不同。

布吕克林的分析为我们揭开了一系列二义性——我们可以从他那里学到什么，以及我们与他的不同。这促使我们做出准确的区分。

在布吕克林那里，这种真实的虚构的呼唤，也就是应该引发变革的呼唤，并不仅是字面意义上的呼唤。相反，它通过大量实践传达到主体。布吕克林提到了米歇尔·福柯著名的自我塑造实践：借助那些"自我技术"（Technologie des Selbst），个体致力于改变自己这一目标——无论是在身体上还是在心理上。这些实践涉及健身计划、饮食模型、婚姻治疗等。这些自我关怀（Selbstzuwendung）的实践也是我们问题的核心——尽管我们将其理解为自恋的实践。*

对布吕克林来说，所有培训、研讨、训练、治疗、计划和技术都是为了让主体成为自我的企业家。与此同时，布吕克林发现了一件重要的事：所有这些技术都建立在一种信念上。对个体的创造潜能的信念，对自己的特殊性的信念，对自我的信念——不是现在的自我，而是将来的自我，即在应用技术之后，我可以成为的自我。因此，呼唤不仅在说：你应该改变！它还在暗示：你可以改变！布吕克林认为，所有这些都可以被归结为一个核心信念——"对自我的无限可塑性的信念"。

就这种信念而言，我完全同意布吕克林的观点。从我们的角度来看，即使被理解为自恋的实践，这些自我关怀的实践也需要一种对自我塑造的信念。对自恋的呼唤来说也是如此——人们必须相信自己是可塑的，才会开始改变自我。用我们的术语来说就是，接近理想。自我可塑性是自我理想的核心。†

---

* 我们将在第六章详细讨论这个问题。——原注
† 与属于"超我呼唤"范畴的自主性不同。——原注

　　然而，布吕克林将这种信念与自我塑造技术联系在一起的方式却让我们产生了分歧。当他将自我优化技术描述为行为主义对行为的操纵时，他遵循了这些技术对自我的理解。例如神经语言程序学的心理调节，这是他最具说服力的例子之一。在这里，调节被理解为一种技术意义上的心理编程，信念与这些行为主义技术融为一体并等同于这些技术。因此，对自我可塑性的信念被归结为对这些改变的行为主义可行性的信念。自我塑造只意味着自我的可编程性。这正是我们的分歧所在。

　　当然，这种可编程性是整个培训行业的信条，或者至少是其销售策略。无论是误解还是欺骗——整个行业都依赖于将对理想自我的信念还原为可操纵性。因为这个行业利用甚至剥削了现有的、主导的自恋意识形态。如果没有这种意识形态，它就无法运作。它只是自恋呼唤的廉价替代品。尽管从金钱的角度来看，它并不一定是廉价的。这种替代品依赖于整个社会现有的自恋呼唤，但它却假装自恋和自我提升（Selbststeigerung）可以通过技术手段来实现。对我们来说，重要的是布吕克林并没有反对这一点。换句话说，我们沿用布吕克林的表述，它在很多因素和形式上都是准确的。但我们并不遵循他的诊断。因为我们将自我技术解读为自恋呼唤的实践，而不是行为主义的操纵技术。

　　那么，这些计划和自我技术追随的榜样是什么？用我们的术语来说，这些实践的理想是什么？布吕克林认为，它们的重要特征之一就是相互矛盾。例如，自我的企业家应该既理性又狂热。这种矛盾绝不是偶然或错误的，而是完全程序化的。一方面，它导致了结构上的过分要求——用我们的术语来说，理想的无法实现性。这就导致了一种无穷的驱动力，因为它无法实现其目标（驱使它前进的目标）。然而，榜样的矛盾性之所以是程序化的，还有另一个原因。

在布吕克林看来，要想把握整个人，还应该获得之前因被视为干扰或抵抗而受压迫的主体的力量，并让它们发挥作用，例如固执或抵抗精神。除了可以学习的能力，还包括无法学习的能力。它们最重要、最有效的因素就是自我驱动。正如布吕克林所写的那样，自我驱动是那些希望"发挥员工最大潜能"的人所追求的。这是一种显著的资源，是一种既重要又微妙的做法。之所以重要，是因为它意味着开发最有效的主体资源之一——强大的自我驱动，抵抗的、自主的冲动。另一方面，这并不是一种解放或解脱。因此，布吕克林认为，必须同时释放和驯服这些力量。这是一种矛盾的做法。正是这构成了榜样的矛盾性。自我的企业家应该既理性又狂热，既有所克制又充满激情。这同样适用于计划和策略。正如布吕克林所写的那样，这些计划和策略旨在同时调动热情和纪律、理性和狂热。主体应该释放激情，同时对其加以调节。这同样适用于所谓的"授权"——曾经的授权如今应该既是力量的调动，又是力量的驯化。

简而言之，就是要利用这些力量。这是对主体力量、主体驱动的篡夺，是对主体的篡夺。这种篡夺的目标是提高主体在心理方面和精神方面的可利用性。对布吕克林来说，这种目标与这样一种观念同时存在：主体是一种在"社会技术"层面可开发的资源。

这种同时发生的对力量的调动和引导，是我们所说的同时存在的自愿和服从吗？答案是显而易见的：不是。更重要的是，这样一种可利用性的逻辑根本行不通。它其实是一种意识形态上的扭曲。因为利用这些让主体变得更好、更高、更快、更强、更自主、更富创造力的力量——简而言之，因为这些力量简单、直接的可利用性反而会消除这种可利用性要实现的目标——独立的主体性。因为这种利用需要一种主体的形成。然而，这个应该被利用的主体既不是给定的，也不是从行为主义的拼凑中产生的。

那么，布吕克林如何看待这个主体，这个新自由主义的自我的企业家呢？让我们仔细看看这个形象，人们应该如何想象这个主体呢？

布吕克林主要追随新自由主义芝加哥学派的著名代表——加里·斯坦利·贝克尔 *。† 在这里，我们再次遇到了"经济帝国主义"——将经济解释扩展到生活的各个领域，将人类的一切行为都转化、理解、引申为经济。

---

* 加里·斯坦利·贝克尔（Gary Stanley Becker，1930—2014），美国经济学家、社会学家，芝加哥大学教授，1992 年获诺贝尔经济学奖，是以经济理论分析人类行为的先驱经济学家之一，著有《家庭论》《歧视经济学》《人类行为的经济分析》等。——译者注

† 布吕克林明确地将贝克尔与秩序自由主义者以及哈耶克区分开来。——原注

贝克尔认为，每个人眼中都只有一件事——自己的"福利"。但值得注意的是，他们如何定义它：对贝克尔来说，关键在于"个体将他所认为的福利最大化——无论他是自私的、利他的、忠诚的、恶意的还是逆来顺受的"。[12] 关键在于一切行为都只从个人福利的角度来考察。无论个体将什么视为对自己有用——无论是无私行为还是自私行为，都只从这个角度来看待：我是否从中受益。这意味着一切行为最终都是自私的，即使是无私的牺牲。因为人们仍然从中获得了满足。可以说，没有什么能摆脱个人利益，没有什么最终不会促进个人利益。

这样一来，自己的"福利"清空了内容，摆脱了所有道德负担。剩下的只是一个纯粹形式的定义——只有一点是确定的：每个人都想最大化，也就是增加自己的福利。正是这种表面上的清空所有内容被证明是功利主义的诡计。这种诡计在于，将福利理所当然地等同于对其最大化的追求。这样就在不经意间将表面上的清空转变为经济上的补充，将福利等同于经济上的利益。增加福利因此成为利益最大化，追求快乐则成为经济收益。这不仅是将隐喻性的利润转化为字面意义上的经济利润。更重要的是，这意味着将经济表述作为基本表述，将经济思维作为矩阵。贝克尔广为引用的"经济帝国主义"不仅是将经济表述扩展到其他领域，它更多的是试图用经济来规定所有行为领域，将经济作为行为的标准。

让我们再看看福柯所说的母亲在婴儿床边的例子。我们已经看到，将这一过程理解为对孩子人力资本的投资对应着外部的视角和观察者的分析框架。但现在，我们必须补充一点：如果贝克尔将母亲的爱理解为"心理收益"，那么也需要将这种经济矩阵纳入受观察者的主观视角。这样一来，它不再只是一种外部视角，它也应该被行动者（在这种情况下是母亲）所接受。

这使人力资本的概念得到更进一步的规定。我们已经看到，人力资本应该把握整个人；我们现在看到，它应该通过让人关注个人利益、追求个人利益来把握整个人。因此，行为应该遵循清楚的成本效益分析，其明确目标是使个人利益增加和最大化。在这个意义上，人们成为"自我的资本家"——成为个人利益的资本家。个人利益超越了所有道德，因为利他主义行为也被纳入这一范畴。

因此，"经济帝国主义"意味着将一切归因于自我。这是一个双重意义上的归因——既涉及自我，又涉及快乐或痛苦。然而，如果一切都被转化为所谓的快感的货币，那么这又意味着什么呢？如果自我渗透了所有形式，甚至是利他主义呢？这是自恋吗？在这里，我们是否遇到了转化为功利主义的自恋——作为利益最大化，作为与自我的资本关系？

这仿佛是一种转向经济的自恋，但事实并非如此。因此，必须准确理解其中的差异。

这些差异在布吕克林提出的"自我消耗的自恋"这一对立概念中表现得最为明显：个人生活的管理化，伴随着个人生活的资本化。换句话说，我们要寻找的主体不是自恋者，而是自我的管理者。但实际上，这个主体只是符合新自由主义理论的主体。

与自恋者不同，"自我的管理者"应该像管理企业一样管理自己的生活——自主且理性。他应该控制自己的行为——清楚、明确、可用。就这方面来说，他是自主的。他应该根据个人利益的目标来调整自己的行为，这个目标在理想情况下应该与市场的要求、竞争的要求相一致。就这方面来说，他是理性的。与此同时，适应市场的要求导致了一种自主性的矛盾，但这种矛盾的基础消失了。

这种摆脱了所有道德和其他限制的个人利益是问题的关键所在。这样的个人利益应该是"自我的管理者"的动力保证。因为这里的假设是，这个主体不仅总是清楚地知道他的个人利益是什么，他还总是努力追求并增加个人利益。这种准"自然的"个人利益是市场的入口——在个人利益中，市场原则应该融入主体。因为不受限制的个人利益被假设为与市场和竞争相一致。这样一来，个人利益变成了市场在主体那里的对应物和反映。它们在一定程度上同频共振，遵循相同的逻辑。

这就是新自由主义的论述，它不是将这种情况呈现为意识形态，而是将其呈现为真实条件。

与之形成鲜明对比的是，另一种明显表现为意识形态的叙事方式。让我们回顾一下《洛奇》（Rocky）系列电影，它们在鼎盛时期代表了整个电影类型（励志）。近年来，这种叙事方式不停地变化着、重复着。尽管故事的个别元素有所不同，但基本模式始终如一。未来的英雄遇到障碍——无论什么形式，无论是身体上的还是社会上的。由于这种障碍，他失败了——无论什么原因，一切总是从失败开始。转变始于他响应呼唤，由此开始改变自我的那一刻。故事的最后是一场胜利，这意味着情感上和经济上的认可。一切都在这里发挥作用：对自我塑造的信念，关于自我形成的实践，超越自我的成长。英雄响应的呼唤由此被描述出来。这个例子恰恰用其平庸性说明了这样一种呼唤在大众文化中的有效性。

如果这个故事被翻译成市场和自我管理的语言，会是什么样的呢？主人公改变了他的行为。作为自我的管理者，他对自己的人力资本进行了投资——以个人利益最大化为目标。他满足了市场的要求，然后他获得了收益。但这只是表面上的翻译。实际上，这只是一个耍花招的版本。因为它忽略了决定性的一点（正如新自由主义所论述的那样）：人们必须已经是经济人，才能以经济人的身份行事。人们必须已经被定位在经济矩阵中，才能猛烈地追求利益最大化的目标。简而言之，新自由主义的诡计在于掩盖它是一种呼唤这一事实。市场主体的所有理性和自主性都受制于这种呼唤，作为经济人的呼唤。新自由主义是一个伪装的呼唤，它假装自己不是呼唤，假装自己没有第二个层面。

相比之下，《洛奇》系列故事的平庸性实际上具有启示意义。

它展示了新自由主义的论述所忽略的东西：要想克服障碍，必须听到呼唤。听到呼唤意味着：理解自己是什么，理解自己被在意，理解自己能做到。感到被在意的人会追随呼唤。只有这样的呼唤才能调动整个过程的决定性因素——自我驱动。

这里和母亲在婴儿床边的情况一样：呼唤既不是掩饰，也不是幌子，"投资-成本-利润"模式才是真正的基础。因为让能力机器运转起来，让它开始自我驱动，还需要更多的东西。不仅是简单的商业计算，不仅是纯粹功利主义的自我关系。即使对最理性、最自主的市场主体来说，仅凭个人利益的观念也是不够的，还需要自我驱动的无条件的"我要"。而这正源于自我的管理者这一概念试图掩盖的东西：源于一种被在意性，源于一种被在意的感觉——正如斯宾诺莎所构想的那样。*相较于新自由主义理论家，斯宾诺莎对主体的理解更清楚，因为主体不仅是其个人利益的会计。自我驱动需要的不仅是对个人利益的计算，更是一种呼唤——新自由主义试图用清醒的个人利益来掩盖的呼唤。

布吕克林也认为，有一种呼唤在这里发挥作用。在这一点上，我们的意见是一致的。但我们之间的分歧在于：是什么在呼唤我们？是《洛奇》还是日常竞争中的自我的管理者？本书认为，是一种想象的观念在呼唤我们。而布吕克林说，是一种"仿佛"、

---

* 我们在第一章遇到过这个问题。——原注

一种虚构在呼唤我们，也就是真实的虚构中虚构的部分。为了理解这种差异，我们必须回到布吕克林的概念。

在布吕克林看来，一方面是市场的力量，让人们感到毫无防备、任其摆布；另一方面是一种呼唤，将人们视为自主的、拥有行动力的主体。这种观念是虚构的，因为被呼唤者"还不是"被呼唤的自我的企业家。虚构就在于这种"还不是"。主体拥有行动力——这种观念应该发挥一种暗示的作用。对布吕克林来说，这是一个能产生吸引力的目标。然而，这种吸引力不过是刺激-反应模式的延伸。这个目标是一种想象的刺激、一种来自未来的刺激，进而引发相应的反应、相应的行动。它应该"触发"自我的企业家。因此，拥有行动力、拥有执行力这一虚构的观念应该增强主体的能力，进而产生真实的效果，让人们获得实际的成功。这样一来，虚构变成了市场的现实——虚构具有将主体带入市场现实的功能，它不过是通往真实的阶梯。然而，当主体成为自我的企业家时（至少是一部分，因为永远无法完全实现），当主体已经接近榜样时，然后呢？自我的企业家成为现实了吗？

虚构是一种幻觉，因此是一种属于真假范畴的观念：它是一种虚假的观念。但如果这样一种虚假的观念产生了效果，那么它就不再是一种幻觉，它就变成了现实。如果自我的企业家的观念产生了效果，那么它就不再是一种幻觉。如果人们想象自己拥有行动力，并且确实取得了成功——很好地推销了自己或自己的产品，那么人们就变成了自我的企业家，人们就是市场主体。这样一来，市场和成功成为对主体的认证，成功成为这个主体的现实标准。

幻觉就是幻觉——因此它总会失败（这证明了它虚幻的特性）。如果它成功了，那么它就不再是幻觉了。

但对想象来说，情况恰恰相反：即使在哪里"成功"了，即使在哪里是成功的，它仍然是想象的——一种想象的主体，一种想象的关系。那么，为什么成功不能消除想象呢？为什么主体即使"符合"市场，仍然是想象的呢？

因为想象的呼唤并不是交换的建议——这一点有别于真实的虚构。真实的虚构说：如果你正确投资，如果你取得成功，你就会成为自我的管理者。如果交换成功了，交换就会消除虚构。但想象的呼唤完全不同——它将人们牵扯进它的宇宙。与虚构不同，想象不需要在现实中证明自己就能发挥作用。例如，对上帝的信仰就能说明这一点。但自恋也不例外——它也遵循自己的逻辑。它将我们与我们的理想牵扯在一起。正是这一点让我们自愿服从。

然而，这样一种根本性的同意既不是通过行为主义（也就是行为操纵）建立的，也不是通过功利主义（也就是个人利益）建立的。换句话说，所谓的"被触发"的企业家或管理者并不是被追求或被否认的新自由主义主体，他只是"市场语言"对这个主体的（错误）翻译。

这种翻译将自我的企业家变成了新自由主义的社会性格，他应该精确地反映市场关系。这种翻译使自我的企业家成为市场关系的反映,仿佛他对个人利益的追求完全符合市场逻辑。"还不是"的虚构应该通过成功的交换转化为现实。真实的虚构说:你还不是自我的企业家,但如果你成功了,你就会成为自我的企业家。与此同时,真实的虚构暗示:要想成功,你必须(先)成为自我的企业家。因此,真实的虚构是一种循环论证。它已经包含了自己的前提。作为这样的循环论证,它是一种意识形态的公式,掩盖了发达的资本主义的主体。它将这一主体还原为新自由主义的社会性格,还原为市场的反映。

然而,发达的资本主义所追求的主体既不是虚幻的,也不是真实的,他更多的是想象的——不是现有关系的对应物,也不是其反映,而是其对立原则。他遵循自己的逻辑,他不是技术或暗示的产物,后者的效果和现实在别处才能找到。他也不是行为主义拼凑出来的,他其实需要一种呼唤,这种呼唤不是自我的企业家的呼唤,而是自恋者的呼唤。

而这正是真实的虚构这一概念无法把握的。它无法把握它实际上想要解释的东西——想象的关系。因为在新自由主义的意识形态中不应该存在想象的关系,只应该存在市场的现实、经济的现实——只应该存在这一种逻辑。因此,这里"被呼唤"的主体也必须被翻译成市场语言:作为"自我的管理者",作为个人利益的管理者。这种虚构还不够虚构,它仍然依赖于一种现实。人们也可以说,它与新自由主义的意识形态纠缠不清。真实的虚构这一概念掩盖了重要的一点——我们面对的是双重意义上的神秘化。自我的企业家实际上是一种神秘化翻译——

将想象的自恋主体翻译成市场语言。

将虚构与想象区分开来并不是某种学术练习，它其实揭示了一个决定性的差异：市场主体与市场要求之间通过虚构建立的联系仍然是一种外在关系。然而，追随自恋的呼唤确保了想象效果的最大化——纠缠、自愿服从，这只有在内在关系中才能产生。美国哲学家朱迪斯·巴特勒＊将其称为"热情依恋"（leidenschaftliches Verhaftet-sein）。[13]

尽管存在分歧，但我们在一个重要问题上仍然遵循布吕克林的思路：对自我的企业家的呼唤绝不仅限于可能或实际成功的人。布吕克林写道，这种呼唤也适用于那些只能推销自己的人。这些技术和呼唤也应该传达到那些每天都被告知自己"多余"的人——从长期失业者的培训课程到特殊学校的教学计划。

用我们的话来说，这意味着：整个社会的呼唤，占据主导地位的意识形态，并不是仅限于资产阶级的现象，甚至连自恋这样的呼唤也不是纯粹的精英方案。因为就这样一种呼唤而言，只有当它针对每个人时，它才能占据统治、霸权地位。也就是说，只有当每个人都能感觉到自己被在意时——尽管面对这种呼唤时的距离、方式、身份有所不同。

这意味着：自恋的呼唤在其规定上，也就是在它所确定的

＊ 朱迪斯·巴特勒（Judith Butler，1956— ），美国哲学家、性别研究学者，加州大学伯克利分校教授，因提出"性别表演"概念而被视为酷儿运动的理论先驱。著有《性别麻烦》《消解性别》《脆弱不安的生命》等。——译者注

身份类型上，是有阶级针对性的。自恋者显然是一种资产阶级的身份。然而，就其受众而言，这种呼唤并不具有阶级针对性。因为它为每个人提供了一种秩序、一种框架、一种价值视野。正是这使它占据主导地位。因此，即使对那些与自恋毫不相干的阶级来说，自恋也是决定性的。

总而言之，与新自由主义方案相反，发达的资本主义确实需要内在服从。自我驱动的目标无法通过纯粹外在的形式来实现。这意味着，这样一种内在服从实际上已经发生了。

单一经济逻辑的新自由主义方案已经被证明是一种意识形态，一种伪装成现实秩序的意识形态。但实际上，它需要自愿服从。正是这种内在的服从造成了一种纠缠，牢牢控制着主体。发达的资本主义所追求的主体，即在各种矛盾中支持着发达资本主义对立逻辑的主体，就是自恋的主体。人们喜欢称作新自由主义的东西需要并促进了自恋——但却是以错误的名义。可以说，它在错误的旗帜下航行。仿佛自我的企业家不是一种想象的结构，而是市场关系的真实对应物；仿佛他只是简单地涂掉了想象，进而使"孤独的"*市场逻辑成为唯一的逻辑。

我们在这里遇到了一个绝对矛盾的情况：一种意识形态通过另一种意识形态被批判、被揭露。自恋的意识形态意味着新自由主义的意识形态被揭露，后者掩盖了重要的想象维度。自恋是意识形态的"真相"，是新自由主义的隐藏维度。

---

* 在一定程度上，这个词是从阿尔都塞那里借用来的。——原注

因此，我们的结论是：在自我的企业家这一指导形象的传播中，我们面对的不是新自由主义的传播，而是自恋的传播——无论是隐藏在市场语言中的自恋，还是没有被翻译成市场语言的自恋。

新自由主义的意识形态已经被证明是一场巨大的行为主义还原行动。可以说，它是一种意识形态上的欺骗，掩盖了我们如今面对的基本的自恋呼唤。

但这并不是一个好消息，因为自恋的呼唤意味着，我们之间的纠缠比简单的刺激-反应关系深刻得多。

第四章

竞争及其彼岸

由于我们在第三章已经看到，被伪装的想象关系、被否认的内在纠缠需要重构，我们不得不搁置真正的任务。我们还没有成功把握真实条件的明显变化。因此，我们必须再次开始探索——探索自恋的呼唤归属的那种变化。但我们想更准确地说，它以自己的方式，即想象的方式参与其中。我们想从另一个角度来探讨这个问题。为此，我们要回到我们在米歇尔·福柯那里遇到过的主题——竞争，作为一种核心社会机制的竞争。正如我们在福柯那里看到的那样，这种机制经历了绝对的普遍化，无限扩展到社会的各个领域。

以此为出发点面临以下问题。

一方面，新自由主义意味着竞争的无限扩展，福柯的这一观点已经成为常识。

另一方面，这一出发点不仅缺乏独创性，而且表现出一定的矛盾性，也就是将我们所寻找的新变化与竞争联系在一起。毕竟，马克思（Karl Marx）在150多年前就已经指出，竞争是资本主义生产关系最本质的形式。换句话说，我们所寻找的变化不能简单的是竞争本身，无论其扩展的程度如何。相反，它必须是这个核心机制所经历的特定的形式、特殊的规定和独特的特征。

让我们通过一个非常简单的例子来说明这一点，不是不可靠的摇滚明星或电影明星，而是非常可靠的医生。医生有很多，患者在一定程度上是他们的观众。那么，这些医生对患者来说有什么不同呢？

这里指的不是专业上的区别，例如牙科医生与外科医生之间的区别，而是同一专业领域的医生。

有一个"普通"的医生——这并不是真正意义上的普通，在我们的措辞中，他之所以"普通"，是因为他拥有作为医生的资格和医学能力。普通在于这个等式：医学培训＝医生。这个等式适用于所有医生。在这一点上，他们都是一样的。他们都拥有这种资格，否则他们就不是医生了。

对患者来说，这意味着：我的眼睛有问题，所以我去看眼科医生；我的牙齿不舒服，所以我去看牙科医生。

然而，在这个简单的等式中还可以增加一些内容，一种额外的差异。为了避免误解，我们再次强调：这不是指各自专业的区别，例如内科医生、放射科医生、心内科医生或其他专科医生之间的区别，也不是指专科医生与全科医生之间的区别。这其实是一种可以附加也可以不附加的特征。在同一类别的医生中，也就是在竞争发生的地方，这种附加特征会造成差异。除了"普通"的资格，人们认为这些医生还有额外的东西——一种特殊的品质。

　　这种特殊的品质可能源于个人关系——我认识这位医生。（这以他认识我为基础。）在这种情况下，普遍的医患关系被个人化了。但这种特殊的品质也可能源于传言，也就是让一个医生成为医生的声誉。这个特殊的医生，在某种意义上的"好"医生，与"普通"医生之间的区别就在于这种额外的东西——无论它从何而来。纯粹的专业原因可能会在医生群体中发挥作用。但对患者群体来说呢？他们没有医学知识作为判断标准，他们可能听说过特殊的专业知识和医学成就。那么，这种额外的东西就以一种声誉、一种传言或患者自己获得的印象为基础。无论如何，这种原因最终仍然是主观的。

　　像德国社会学家安德雷亚斯·莱克维茨*这样的作家会如何解读这种差异呢？莱克维茨认为，当代社会是一个"独异性社会"。[1]他区分了社会逻辑的两种类型，也就是社会规定客体、主体、空间、时间和集体的两种方式：一种是普适逻辑，另一种是独异逻辑。

　　根据莱克维茨的观点，第一种普适逻辑在现代工业时期占据主导地位。这意味着社会各个领域的标准化和合理化。主体从根本上由规则和规范来确定。这让他们变成了功能性角色，既相似又可互换。莱克维茨可能会将我们例子中的"普通"医生称为拥有医学能力的功能性角色。

---

*　安德雷亚斯·莱克维茨（Andreas Reckwitz, 1970— ），德国社会学家、文化理论家、柏林洪堡大学教授，著有《独异性社会》《幻想的终结》等。——译者注

与普适逻辑相反，莱克维茨将第二种独异逻辑定义为"独异的"、独特的。这种逻辑也可以涵盖一切：客体、主体、地点、集体、空间。这意味着，所有这些都可以是独特的——在这个意义上：不可更换，不可替代，不是普遍相似的样本类型，而是特殊的、独异的。在我们的例子中，这就是"好"医生——成功地超出了医生的普遍范畴。正如莱克维茨所说，独异化。

这两种社会逻辑，也就是普适逻辑和独异逻辑，显然是对立的。因此，莱克维茨认为，它们始终处于一种张力关系中，在它们复杂多变的历史中一直如此。

在莱克维茨看来，无论是工业革命、资本化还是民族国家——在整个现代化进程中，普适逻辑占据了主导地位。在这个漫长的时期里，作为浪漫的对立方案（尤其是在艺术和审美领域），独异逻辑只扮演了从属的角色。因此，哪种逻辑奠定了基调是显而易见的。

然而，在被他称作后现代的当下，莱克维茨看到这种关系发生了变化。现在，独异逻辑在空前的繁荣中占据了统治地位。特殊化渗透了整个社会，影响着所有领域。他在这个"独异性社会"中发现，特殊化无处不在：从电影到产品设计再到专业资格——特殊化规定了一切。它适用于建筑师和美发师，甚至是我们例子中的职业类型——似乎并不拥有特殊性的医生。（莱克维茨并没有提及这个例子。）

对莱克维茨来说，特殊化的新统治地位是如此基本，以至他谈到了一种"结构性转变"——经济关系的根本性变化，整个社会的变化。现在，一切都倾向于特殊化。

回到我们的例子：现在仍然存在"普通"的医生——我们意义上的普通，也就是说，医生"只"通过他们正式的、专业的资格来定义自己（患者也只"接受"这样的资格）。换句话说，医生不通过"好"医生的特殊性来定义自己。用莱克维茨的话来说，他们不是独异的医生。是的，需要这些所谓的"普通"医生，"普通"的医生身份，这样一来，"好"医生才能显得与众不同。（这适用于所有领域。）莱克维茨自然也知道这一点。

因此，他将特殊化的统治地位理解为普遍性与特殊性之间的一种新关系：前景与背景之间的转变。

普适逻辑曾经占据主导地位，处于前景。但在后现代时期，它已经退居幕后。独异逻辑则完成了相反的运动——从次要的背景走向前景。

那么，这意味着什么呢？

莱克维茨认为，人们必须将特殊化的主导地位想象成一个"扩张的核心"：一种在经济和社会中不断扩张的核心规定。越来越多的领域、越来越多的行业服从于它的逻辑，特殊性因此成为最重要的标准。然而，普适逻辑并没有消失，标准化的商品和服务这一工业逻辑仍然存在——但根据莱克维茨的说法，是在旁边，在背景中。

我们在赫尔穆特·杜比尔那里遇到过两种对立的社会逻辑。*

---

* 参见第三章。——原注

但莱克维茨对前景和背景的描述在一定程度上有别于杜比尔的概念。让我们回顾一下：杜比尔认为，两种对立逻辑之间的关系在于，正是这种对立（例如经济理性与家庭共同体之间的对立）构成了一种矛盾的连接、一种矛盾的联系。因此，对立逻辑成为资本主义社会的矛盾支柱。

相比之下，莱克维茨则通过完全不同的方式来理解这种关系。对他来说，工业逻辑构成了背景中的理性，是独异逻辑可以蓬勃发展的"可能条件"，是特殊化的基础设施——同时又处于防御状态。这种矛盾体现了这一概念的模糊性。到目前为止，我们一直沿用莱克维茨的表述，但我们现在不得不对其提出质疑。一个东西怎么可能同时具有防御性和促进性，既是背景又是基础设施呢？那么前景又是什么呢？前景并不是一种表象，一种掩盖了真正的基础设施的表演。否则，莱克维茨就不会在这种重组中看到"结构性转变"。因此，独异逻辑形成了一个令人困惑的新结构，它以其对立面为促进性和防御性的基础。简而言之，这似乎是一种更模糊而不是更清楚的规定。这一规定让被确诊的"独异性社会"陷入一种悬而未决的奇怪状态：独异性（Singularität）是否正规定我们现在的社会，还是说它只构成了一个新的前景，而旧的工业逻辑继续在背景中发挥作用？在我们的措辞中，这个问题就是：是真实条件发生了变化，还是对它的想象关系发生了变化？在莱克维茨那里，答案似乎是明确的：两者都在一定程度上发生了变化。

这在我们的例子中意味着，需要继续培养"普通"医生，也就是拥有普遍的、正式的医师资格的医生，但在幕后进行。除此之外，还有"好"医生的特殊性，但不清楚他们是否只是像在聚光灯下一样站在前景，还是说聚光灯存在这一事实就已经改变了整个医疗基础设施。对莱克维茨来说，两者显然都是肯定的。因为他认为，对独异性的竞争是在独立的市场上进行的——在"独异性市场"上。这是一种特殊的市场。在这里，独异性被交易：独异的商品，独异的劳动力，独异的表现。在这里，特殊性被争夺——争夺"特殊"资格。然而，这不仅是一场争夺独特性的激烈竞争、"超级竞争"，独异性市场还彻底改变了整个市场的结构。这些新的"独异性市场"取代了旧的标准市场。这样一来，它们颠覆了整个经济，建立了自己的独异性经济。这种经济很少关注价格与效率之间的关系，更多关注吸引力。这在我们的问题上意味着：对独异性的认同处于前景，进而改变了整个经济和社会结构。尽管人们可以从莱克维茨那里学到很多东西，但这并不是一个令人满意的答案。

因此，让我们尝试通过另一种方式来解读我们的例子：在法国作家罗兰·巴特[*]及其神话理论的帮助下。[2]在巴特那里，事实构成了第一个初级系统——具有简单意义的纯粹事实的第一秩序。在我们的例子中，这就是医师资格这一事实，它具有简

---

[*] 罗兰·巴特（Roland Barthes，1915—1980），法国作家、社会学家、文学评论家，主要研究各种符号系统，将结构主义发展为一种具有领导性的文化学术运动，著有《神话修辞术》《符号学原理》等。——译者注

单的、客观的意义：培训 = 医生。

然而，神话构成了第二个次级系统，被添加到第一个事实系统中，它是对事实的补充。因此，神话是一种超出纯粹实用性的附加，一种额外的、特殊的意义。

巴特自己列举了很多例子，其中最著名的可能就是新款雪铁龙——雪铁龙 DS。DS 这两个英文字母与法语单词"Déesse"的发音相同，后者是"女神"的意思。这是巴特的文字游戏。这也符合它的外观：在 1955 年巴黎车展上亮相时，其新颖的流线型"圆顶"外形看起来就像一个神圣又美丽的形象。在这一刻，一个世俗的量产产品变成了一个神奇的客体：除了世俗的用途，它还成为一个时代的象征、一种世界关系的体现——一个神话。[*]

对我们来说至关重要的是，第二个系统并没有取代第一个系统，它反而作为一种意义被添加到第一个系统中——神话化对有意义的事实进行重塑、详述。在我们的例子中，将医生详细描述为"好"的、"特殊"的医生，就是对医师这一纯粹事实的补充，并赋予这一事实以（附加）意义。这样一来，纯粹事实被转化为"特殊"医生的神话。（尽管我们还不知道这种特殊性的具体内容。）

让我们仔细看看这种特殊性。它在莱克维茨和巴特那里都

---

[*] 莱克维茨也知道这种赋予——他写道，食物可以"超越其实用"成为"价值的载体"，例如健康、独特或神圣的价值。（参见：Andreas Reckwitz: Die Gesellschaft der Singularitäten. Zum Strukturwandel der Moderne, Berlin 2017, S. 85.）——原注

是核心，两者之间的界限很难划定，因为它首先是沿着一些共同点或补充项向外延伸的。让我们尝试介入这种微妙的平衡，也就是跨越共同点，以便之后能更清楚地标记出差别。

在这里和那里——在独异化和神话化中，都涉及主体和客体的特殊性和特殊化的问题。

在巴特看来，神话化为事实添加了一个概念、一个原则。神话化的客体或主体因此成为这一原则的代表、化身、体现和象征——就像作为 DS 的雪铁龙变成了"Déesse"一样；或像"好"医生，除了作为普通医生，还有特殊的意义。除了普通医生的能力，"好"医生还必须代表并体现额外的能力——神话般的能力。这种能力不是超自然意义上的神话，而是超出纯粹定量、可测和事实的神话般的象征。神话般的能力在于成为某种象征。我们将在医生身上看到这一点。

这种品质、这种特殊性无法被量化——在能力达到某种水平之后才能实现。它也无法被解释——巴特认为，神话是一种同义反复。甚至，它就是要成为一种同义反复——没有理由，也不需要理由，它只以自我为基础。

在电影《变态者意识形态指南》（*The Pervert's Guide to Ideology*）中，斯洛文尼亚哲学家斯拉沃热·齐泽克*重现了可

---

* 斯拉沃热·齐泽克（Slavoj Žižek，1949— ），斯洛文尼亚哲学家、左翼明星学者，擅长以拉康精神分析理论、黑格尔哲学和马克思主义政治经济学解析社会文化现象，被称为"文化理论界的猫王"，著有《意识形态的崇高客体》《幻想的瘟疫》等。——译者注

口可乐的广告。对他来说，这句广告语至关重要：“它才是可乐”（Coke is it）。这个“它”（it），这个东西，并不是一种积极的品质，没有什么可以说明它的意义。它是一种无法被解释的东西——但却能将任何饮料变成“真实的东西”。

以前，一些医生诊所的墙上挂着额外资格的证书，也就是完成额外培训的证明。这是试图通过合理化、形式化的程序获得额外资格，并通过这些客观标志来进行认证。用巴特的话来说，神话的“存在”就是通过这些标志来识别的。但归根结底，神话是一种同义反复——它无法通过外在原因来证明。一个人之所以是“好”医生，是因为他是一个“好”医生。换句话说，这种地位不是通过客观的标准或可测的成绩（例如治愈率）来获得的。仅凭这些是不够的，要想获得“好”的、“特殊”的医生地位，还必须加上其他东西。

墙上的证书是古老的形式、古老的标志。它们属于古老的神话。然而，如今有了新形式的新神话。当然，之前也有“好”医生，他们的“好”建立在传言和声誉的基础上，这样的声誉只在资产阶级的圈子里传播。如今，这种传播已经通过网络评论得到了普及。因此，之前资产阶级专属的自主评价的地位已经被制度化和普遍化了。

关于这种特殊性在当下的生产，我们可以从莱克维茨那里学到很多。这样一种生产意味着两件事：一方面是主张——特殊性是被生产出来的；另一方面是问题——这种生产是如何进行的。要想认可某物是独异的，就必须标记出一种差异。差异有很多种,但归根结底是世俗与神圣之间的差异。莱克维茨认为,这是后现代的"指导差异"。所谓的世俗,仅限于事物的纯粹实用性。在后现代时期,实用性足以让事物变得世俗。神圣则是指那些超出事物实用性的东西。这里的"神圣"并不是宗教意义上的,它更多的是一种被赋予的价值和冲动——无论是时装、室内设计、消费电子产品、电影还是其他事物,一旦被赋予意义,一切都可以显得神圣,也就是特殊:一家美发店,一位艺术家,一部电影甚至一双运动鞋。在这一点上,两位作家的解读是一致的。正如我们所见,巴特也关注世俗与神圣之间的对立——他将神话化理解为一种社会神圣化。巴特也认为,没有什么不能成为神话的素材。

莱克维茨详细展示了通过哪些技术和实践可以实现这样一种神圣化。他勾勒出了特殊性生产的整个过程——不仅涉及生产品质的方法,还涉及认可品质的方法。从观察到评价再到生产,一套完整的独异化实践。因此,特殊性既要被生产出来,又要被发现、被认可。

然而,神话化与独异化的相似之处到此为止,因为对莱克维茨来说,特殊化的技术属于新型市场,他将其称为独异性市场。如前所述,他从这种新型市场的主张中推断出,我们正面临一场(经济和社会的)结构性转变。旧的工业形式只能在模糊的"旁边"苟延残喘。

而这里正是我们要提出异议的地方。从神话理论的角度来看,特殊化是一种赋予,也就是在纯粹事实的基础上附加额外的意义。这种附加、这种额外的品质，构成了第二秩序、第二个系统、第二种循环，它叠加在事实之上，叠加在第一秩序之上。在其之上。

因此，我们有了第二个系统，它被添加到第一个系统中并对其进行改造——将事实变成了神话。这不是背景与前景的关系，换句话说，这是一种上下关系，而不是左右关系。这听起来是一个微小的差异，但它具有欺骗性。这些神话有各自的循环，它们循环，它们相遇，它们对抗，它们竞争，它们争夺特殊的地位。那么，为什么人们不能在"独异性市场"的情况中谈论独立的市场呢？因为谈论新型市场的前提是资本主义的结构性转变——从旧的到新的、所谓的"文化资本主义"。尽管我们认为，加剧的神话化并不意味着经济结构的转变。我们面对的其实是资本主义的大规模发展——通过新的神话、新的想象来推动和支持的发展。但所谓的"文化资本主义"只是普遍市场中特殊的部分。例如，在整个面包市场中有特色面包这一细分市场。对建筑师、地产商或医生来说也是如此。任何地方都有细分市场和特殊商品，但这并不能规定独立的市场关系——它只是各个市场的一部分，特定的一部分。*

从我们的角度来看，这种变化与莱克维茨所谓的结构性转变是不同的。通过价值这一核心概念，我们可以更准确地看到

---

* 这种特殊化当然可以超越纯粹的质量范畴，可以说是某种"下沉的文化财产"，以淡化的形式渗透到大规模生产中。——原注

这种变化的类型及其与莱克维茨的差异。

根据神话理论的观点，附加物（也就是神话）赋予被神话者以价值。这种价值与意义以及有效性相对应：某人被认为是"特殊"的医生，某物被认为是"特殊"的面包——因为它们分别成为某个原则的象征。例如，一个特殊的面包体现了真实性的原则。

如果神话的价值在于这样一种特殊的意义，那么它只有在成为"信息"时才能实现。也就是说，当它被理解、接收、阅读时。正如巴特所说，神话必须被阅读。破译神话需要知识。

但仅有知识是不够的，信息还必须传达到我，它必须成为针对我的信息。神话是针对我的，它对我有意义，它对我有效果。简而言之，正如巴特所说，神话是一种呼唤。它在我的具体存在中呼唤我。

就我们的例子而言，这意味着，"好"医生就是那个针对我的信息，也就是那个看到我、在意我的人。那个让我感到被在意的人，那个让人们能想象一种个人关系的人，这就是他的特殊化、神话化的秘密。

尽管莱克维茨不熟悉呼唤，但在他那里，观众关系也发挥着决定性的作用：是观众赋予了或否认了价值，就像莱克维茨所说的"价值化"或"去价值化"。然而，在这种作用中，观众仍然是外在的权威。

莱克维茨只在粉丝这一形象上有所突破。一切"独异的"事物，例如一部电影或一支乐队，都会为粉丝展开一个"自己的宇宙"。正如莱克维茨所说，这个宇宙变成了他们"自己的世界"。我们可以说，粉丝是斯宾诺莎主义者。只有当粉丝感到自己被在意时，他们"自己的世界"才能产生效果，这就是他们热情的来源。

然而，与莱克维茨的决定性差异主要在于这种价值化的目标。在莱克维茨看来，这种价值化的目标，也就是在独异性市场上竞争的目标，是创造独特性。独特性意味着：不可比较，不可替代。对独异性市场来说，这意味着，具有内在价值（Eigenwert）——这是莱克维茨的概念，一个既核心又困难的概念。

让我们仔细看看这个问题：什么叫具有内在价值？

对莱克维茨来说，这意味着某物具有内在的、本质上的价值。因此，这不是一种从比较中产生的价值，也不是一种可以通过比较来质疑的价值。

根据莱克维茨的观点，（独异性的）目标是被认可为独特——也就是内在价值得到认证。他非常清楚这其中蕴含的矛盾：独特性与认可之间的矛盾，内在价值与认证之间的矛盾。但他只满足于指出这种矛盾，让这些部分同时存在。

但正是这一点对我们来说至关重要。什么是必须被赋予的固有价值——需要被认可的内在价值？这只是一种带引号的"内在价值"，一种仿佛（存在）的内在价值。因此，内在价值并不是它所宣称的那样，独特性也不是它想要成为的那样。那么，它究竟是什么呢？

竞争的原则是"优于"。我是、我想、我必须"优于"竞争对手。这就是目标——"优于"。然而，独特性却阻碍了这一目标，因为内在价值不需要这样的比较。在内在价值中，没有无情的横向比较，只有纵向设定——至高无上的固有价值。莱克维茨谈到了一种渐进的区别，这种区别会转变为"绝对的差异"——从"优于"到"最好"。这又意味着什么呢？

与莱克维茨的观点不同，对我们来说至关重要的是：在一定程度上，竞争在"内在价值"（现在带引号）中被隐藏了，"优于"在独特性中消失了。这有些像奥地利哲学家维特根斯坦*的梯子。"我的命题这样阐释，"维特根斯坦写道，"理解我的人，通过它们、在它们之上、越过它们之后，最终会意识到这些命题是无意义的。（他在爬上所谓的梯子之后就必须扔掉梯子。）"[3]这样一种竞争就像一架梯子、一种工具，一旦人们到达顶端就可以摆脱它。换句话说，内在价值就像是竞争的顶端——在那里，人们不再需要竞争。在那里，竞争变成了（或应该变成）它的对立面——比较的彼岸。内在价值不再与他人进行比较。价值不再需要被衡量，只适用于自我。因此，神圣如今意味着：神圣的是那些似乎脱离了竞争、超越了竞争的事物；神圣的是自我关联性——更准确地说，自我关联性的神话。

独特性期望自主的充实（Fülle），承诺个体的庇护——避开

---

* 维特根斯坦（Ludwig Wittgenstein, 1889—1951），奥地利裔英国哲学家，20世纪最有影响力的哲学家之一，主要研究数学哲学和语言哲学，著有《逻辑哲学论》《哲学研究》等。——译者注

无情的竞争，避开无穷的竞争。简而言之，独特性是一个神话。在这个神话中，竞争在内在价值中消失了。支持竞争的是一种矛盾的神话。这种神话在竞争的彼岸、在世俗的彼岸，它应该让人们摆脱竞争的痛苦。在这里，我们看到的不过是一种辩证的转变：绝对的竞争被神话化为独特性这一原则。摆脱竞争，实现内在价值，这就是竞争的顶端。

相比之下，莱克维茨则相信独特性。他不像乐迷、品牌粉丝或崇拜者那样相信，他看到了"真实的矛盾"，即独特性是社会捏造出来的，有可列举的方法来生产这种独特性。正因为这些方法是有效的，正因为独特性实际上具有社会影响，所以他相信独特性的原则，相信独异性的原则——不是作为神话，而是作为社会的新现实。他相信独特性的原则是竞争的新现实，这正是我们的分歧所在。

因为我们在内在价值及其矛盾中看到的并不是现实，而是竞争的神话、竞争的意识形态。这并不意味着这种意识形态不产生效果，恰恰相反，意识形态不仅意味着纯粹的表象，更意味着一种具有显著社会影响的想象。

在这一点上，有必要回到我们真正的主题。莱克维茨所理解的独特性与自恋所涉及的完全一致：不可替代，不可比较，也就是独一无二。

因此，本书的论点是：独特性、内在价值意味着通过自恋来超越竞争关系，意味着通过自恋的神话来覆盖竞争。仿佛竞争包含实现不可比较的地位的可能性。仿佛竞争包含对充实的承诺，也就是对理想的承诺。就这方面来说，我们在独异性中看到的不是竞争的新现实，而是竞争的新神话。独特性并不简单的是新的主导原则——它与普遍竞争的关系是模糊的。它更多的是与竞争的想象关系——作为竞争的对立原则。在莱克维茨看来，特殊性是普遍性的对立逻辑，后者在现代工业时期占据主导地位。对我们来说，独特性仍然是一种对立逻辑、一种对立原则。独特性是想象的原则，与真实条件中绝对的可替代性相对立。它是我们在这种可替代性中生活的方式。

与杜比尔的对立原则一样，这里的对立原则也具有一种矛盾的功能：它正是作为对立原则、作为想象的反作用力来发挥支撑作用，来推动竞争的神话的。但这意味着，竞争彼岸的神话正是竞争的最佳驱动力。

这种功能和作用最好通过一个例子来说明。这个例子来自人力资源管理，并且越来越普遍——360 度反馈。*

360 度反馈是一种相互评价系统。它既可以应用于企业，也可以应用于医院、学校或其他地方。通过调查问卷，每个人的"表现"都会得到全面的，也就是 360 度的评价。评价者包括员工、同事、上级或客户。谁没有这样的经历？"请您对我做出评价！"

---

* 布吕克林对 360 度反馈进行了详细分析，我们在论述中对其有所借鉴。布吕克林认为，360 度反馈不是任意的工具，而是模范的、范例的工具。（参见：Ulrich Bröckling: Das unternehmerische Selbst. Soziologie einer Subjektivierungsform, Frankfurt/M. 2007, S. 236 ff.）——原注

从邮递员到呼叫中心,这样的话无处不在。所有能力都要被询问、被记录——既包括专业能力,又包括个人能力。这将评价扩展到纯粹专业能力之外的所有附加能力:从友善到外表,从礼貌到乐于助人。评价通常是匿名的,被作为改进自我、弥补不足和提高成绩的出发点。因此,360 度反馈是一种促使自我超越的工具,用我们的话来说,促使自恋的提升。

在这里,我们看到了自恋是如何进入竞争的。

这是通过两个主观因素被制度化来实现的:一方面,主观能力被制度化,也就是纯粹专业能力之外的附加能力。另一方面,主观评价也被制度化,不外乎我们的声誉、传言和口碑。之前就已经有这种制度化甚至工具化的简单尝试。例如,以"月度优秀员工"的形式——将其照片突出展示。但这仍然与专业的、可量化的成绩有关。现在则是要通过主观评价将个人品质全面且系统地制度化——例如受欢迎程度。这可以通过 360 度反馈等工具以及各种形式的排名、评级和评价来实现,由此产生了等级制度和等级结构。用莱克维茨的话来说,特殊价值的尺度。在我们的措辞中就是通过排名,在向上开放的自恋尺度上规定并分配位置。

正是这种系统,正是这些等级制度、这些价值等级在改变竞争,它们扩展了竞争的范围。这体现在以下两个方面:一方面,社会的各个领域都倾向于竞争,即使那些之前反对竞争的领域也不例外。因为竞争的逻辑在于推动、提高和超越,所以普遍化的竞争意味着普遍化的成绩要求。另一方面,竞争的范

围现在扩展到了整个人——因为它还包括主观能力。所有这些
都意味着竞争的加剧。就这方面来说，竞争的变化不仅限于其
范围的扩展，竞争本身也发生了变化，因为它被自恋的标准重塑。
排名展示并评价了个体有多少神话般的能力，有多少自恋的理
想，有多少独特性。或者更准确地说，人们被赋予了多少独特性。
这里不仅涉及"传统的"自恋技能——常被理解为自信、自我
展示或固执，还涉及他人赋予的技能——例如迷人的个性，也
就是与他人结交的能力，或受欢迎程度，也就是个体在所处环
境中的特殊性。这再次清楚地表明，这与传言、排名中的位置
有关，也就是与主观评价有关，这些主观评价现在变成了客观
判断。所有这些构成了对神话般的能力进行主观评价的客观秩
序，构成了客观自恋（objektiver Narzissmus）这一矛盾现象。

　　这种自恋必须与之前探讨的主观自恋（subjektiver Narzissmus）
区分开来。

　　客观自恋是外部赋予的——排名和反馈证明了个体有多少
独特性，展示了个体在神话秩序中的位置和等级。主观自恋则
通过个体的认同，通过个体对自我理想的追求来发挥作用。

　　如果主观自恋总是追求（且总是不满足）这种理想，追求
这种理想的实现，那么竞争的客观自恋绝不是为了让主体获得
自恋的满足（narzisstische Befriedigung）。它最多是一种承诺，
一种对追求的利用，一种理想的驱动力。换句话说，对主观自
恋来说，自恋的理想是目的和目标；而对客观自恋来说，自恋
的理想只是一种手段，一种它采用的手段，一种同时是威胁和

武器的手段。在这里，自恋的痛苦在一定程度上被客观地制度化了——作为驱动和控制的手段。

因此，这种自恋能力的系统、这种激烈的竞争，需要自恋的驱动力。更准确地说，它需要、要求并促进自恋能力，但却不是为了实现自恋的目标，因为它并不关心目标的实现。但它使自恋能力可以被社会接受，甚至可以在社会上成功。这里有两个相互促进的因素：越成功，越被接受。

但这改变了竞争：因为自恋不仅进入了竞争，它还将自己融入其中，它重塑了竞争。各种排名的前几名再也不能仅靠成绩和工作来获得。旧的精英阶级被新的精英阶级取代：从以成绩为导向到以成功为导向。被奖励的与其说是成绩，不如说是神话般的能力。洗碗工通过努力成为百万富翁的叙事被新的叙事取代。新的叙事是（我们沿用莱克维茨的说法）：突然取得突破的流星。莱克维茨认为，成功与工作、付出、投入脱钩，核心不再是履行义务，而是"表演"，也就是社会表现。

所有领域的成功都与观众的评价联系在一起——无论是同事（例如 360 度反馈）、客户还是严格意义上的观众。这种评价不仅基于客观标准，而且主要基于主观标准。这样一来，每个人都成了——正如德国哲学家尼采*所说的他人的评判者。但这会产生显著的后果。

---

* 弗里德里希·威廉·尼采（Friedrich Wilhelm Nietzsche，1844—1900），德国哲学家，其思想对 20 世纪的存在主义与后现代主义具有较大影响，著有《道德的谱系》《善恶的彼岸》《查拉图斯特拉如是说》等。——译者注

这种客观自恋意味着严重的不稳定——因为每个人都只能暂时占据排名中靠前的、自恋价值较高的位置，没有固定的位置。这不仅意味着人们只能短暂地占据这个位置，更重要的是，即使暂时达成一致，人们也永远不是理想。即使在最好的情况下，人们也不是赢家，只是短暂地占据这个位置。

所有参与者的地位都从根本上变得不稳定，也就是说，从根本上受到威胁。这种威胁不是暂时的，而是持续的。教师必须面对学生的评价，医生必须面对患者的评价，这使他们的地位变得不稳定。更不用说像邮递员或送货员那样的服务人员了。全方位的评价、制度化的评价，都意味着削弱之前固定的权威，进而建立一种完全不同的关系——每个人都服从于各自观众的评价。

因此，第一名蕴含的承诺，也就是内在价值的承诺，是极具欺骗性的：从无情的竞争中解脱是一把达摩克利斯之剑。人们随时可能被赶出特殊性的避难所，尽管它承诺提供保护和庇护。在争夺第一名的斗争中，客观自恋加剧了主观自恋的痛苦。在这里，自恋意识形态的特殊性被制度化了：它不仅提供想象的安慰，而且引发痛苦，却成为等级结构的核心。

如果客观自恋现在以这样的方式融入社会关系中，那么它就不会成为一种"集体自恋"（正如克里斯托弗·拉什所说），因为这不是我们每个人共同拥有的自恋。相反，它是针对每个人的强制性的客观规定。换句话说，它是一种让我们相互对立的社会自恋。

这是客观自恋与主观自恋之间的另一个区别：客观自恋的等级制度是预先规定的，是被要求的。它是一种要求。而主观自恋只有在成为一种愿望、一种渴望时才能发挥作用。

在莱克维茨那里也出现了这种要求与愿望之间的对应关系。一方面，他看到了社会和企业对非凡表现的期望——超越纯粹的履行义务。另一方面，他看到了主体对特殊性的渴望。莱克维茨认为，这种渴望导致了一种新的工作伦理，即工作不应该只是例行公事，不应该只是谋生的手段。工作更应该具有认同的潜力，更应该是有意义的。在这种情况下，有意义意味着：获得经验，掌握技能，发展个性。所谓的意义意味着自我实现（Selbstverwirklichung）。

但对莱克维茨来说，仅有自我实现是不够的，人们不仅是为了自我而实现自我，对独异性的渴望更多的是对自我实现被认可的渴望。因此，在莱克维茨看来，个人愿望与社会要求的真正结合是——成功的自我实现。这就是"独异性社会"的公式。社会声誉与已经实现的自我之间的耦合。

在这一点上，我们决定与莱克维茨告别，这种告别出于以下几个原因。

一方面，在莱克维茨的设定中，没有压力，没有强迫，没有控制——因为在他那里没有服从。另一方面，这样理解的独异化、特殊化等同于中产阶级的幸福。这就是莱克维茨的"指导环境"。这就是"成功的自我实现"的阶级，这就是"自主受益"的环境。而对我们来说，自恋恰恰是在客观和主观的交织中，从要求和愿望变成了无情的命令，影响着每个人，确实是每个人。一种占据主导地位的意识形态往往会影响每个人，否则它就不会占据主导地位。即使是超市售货员也不得不面对等级制度——体验着微小的满足和巨大的压力。就像莱克维茨的幸福的创造性阶级一样，这种意识形态是所有阶级的压力和驱动力。自恋的痛苦适用于每个人——尽管权重和强度有所不同。

我们决定与莱克维茨告别的原因还在于，莱克维茨的成功的自我实现的公式建立在成功的基础上，并不涉及失败。这并不是指因运气不好或观众不认可而导致的偶然失败，而是指内在于追求独特性这一过程的必然失败。在一定程度上，这是客观自恋与主观自恋相结合所固有的结构性的失败。

这种结合不过是一种特定的利用——等级制度的客观自恋利用个体的主观自恋。如果没有这种利用，那么客观自恋的系统就只是压制性的，只是纯粹的等级制度。只有控制，只有要求，只有外在压力和外在规定。当然，它确实如此，但不仅如此。要想超越它，还需要主观因素：内在驱动力，自愿性。等级制度的客观自恋本身无法实现这一点，因此，客观自恋（在企业、学校和媒体公众中）需要另一种东西——主观自恋。因为只有主观自恋才能产生那种驱动力，才能激发主体的那种愿望。只有主观自恋才能让我们不仅发挥作用，还要超越自我。

然而，客观自恋如何利用主观自恋呢？（"利用"是一个误导性的概念——它听起来如此技术化和外在化。）不是通过与成功的自我实现相结合，而是通过一个虚假的等式：排名的第一位、评价的最高水平，实际上等同于自恋的理想自我。第一名实际上等同于独特性的地位。它确实意味着每个人都追求的竞争的彼岸。对这个虚假的等式来说，不需要邪恶的意愿，不需要可怕的计划。等级结构本身就推动了这一神话——赋予第一名以内在价值，赋予第一名以独特性。*

客观自恋不仅是一种纯粹的等级制度，而且是一种只有通过独特性神话才能产生效果的承诺。对于这种等级制度承诺，人们可以在其顶端（对第一名的神话化）摆脱它。这种"提议"激发并促进了主观自恋的愿望——希望成为最好的，同时又是独一无二的。而排名、评价（作为规定、控制）恰恰需要这种愿望。

因此，客观自恋依赖于几个仿佛：仿佛的独一无二，仿佛的对应性——仿佛规定的位置在社会中实现了自恋。只有当客观自恋能让人相信这一点时，它才能利用主观自恋。只有这样，竞争秩序的客观自恋才能寄生于个体的主观自恋。只有这样，自恋的欲望才能超越经济压力，变成在排名中占据规定位置的愿望。只有这样，压力和驱动力才能结合在一起。换句话说，客观自恋向主观自恋发出了一种呼唤，并在后者那里得到了回应。

这样一来，客观自恋构成了一种新的向光性——自恋的向

---

* 与竞争对手的渐进差异相比，莱克维茨的第一名的"绝对差异"在"小老板"、副总、团队领导的系统中成倍增加。独特性可以超越第一名。这是一种对独特性的量化。——原注

光性。它让每个人都朝向自恋的太阳，朝向自我理想，朝向独特性。但这个太阳是想象的。正因为这个目标是一种竞争的神话，所以它导致了必然的、结构性的失败。对莱克维茨来说，这种失败并不存在——至少在他所谓的无情的必然性中不存在。

然而，这只是主观自恋的必然失败，而不是客观自恋的必然失败。正如我们所见，自恋只是后者的一种手段。自恋是一种非常有效的手段。它的目标不是实现承诺，也不是实现独特性，它的目标是推动竞争，加剧竞争，进一步发展资本主义。

这种失败表明，客观自恋和主观自恋在成功中的相遇、重叠（也就是愿望和要求的叠加），只是部分的、暂时的。然而，这仍然造成了一种难以摆脱的纠缠。

因为自恋的呼唤通过对摆脱竞争的期望，通过对独特性的承诺，来驱使个体参与竞争。仿佛竞争可以成为救赎的港湾，保护人们远离竞争的实际意义——每个人的可替代性。我们希望从竞争中得到救赎，仿佛竞争可以将我们从它本身所代表的危险中解救，并给予我们它本身所阻碍的那种安全感。

实际上，正是竞争造成了这种希望，由此产生了两种效果：加剧了自恋，同时又阻碍了自恋的实现。

简而言之，独特性的神话、自恋呼唤的神话，是我们如今的对立原则。它是想象的原则，与真实条件中普遍的可替代性相对立。独特性不是一种新的结构原则，而是我们在普遍的可替代性中生活的方式。独特性是驱动我们的、矛盾的对立原则。它使我们"自动"地——也就是自愿地——发挥作用。我们服从于这种对立原则，也就是努力实现期望、满足要求——完全自发，以自我驱动的模式。客观自恋推动的独特性神话引发了我们所说的自愿服从。

就是它，自愿服从！我们终于找到了。在这里，我们找到了它现在的形式。在这里，现在的我们为我们的奴役而战，仿佛这是为了我们的救赎！

经过探讨，我们的结论是：竞争不仅是以资本主义生产方式为主导的社会的核心机制，竞争不仅已经成为一种普遍的、无限的机制，而且已经蔓延到社会的各个领域。如今，竞争这一机制发生了变化，这就是问题的关键所在。这正是我们一直寻找的变化：竞争本身发生的变化——它现在通过客观自恋和主观自恋来发挥作用。因此，我们同意现状的原因已经改变，我们同意和接受的方式也发生了变化。换句话说，自恋已经成为竞争条件的一部分。

第五章

自恋者和他人

如果现在自恋占据主导地位，如果自恋的条件无处不在，如果人们可以、想要、应该、必须成为自恋者，那么我们应该如何想象社会与社会关系呢？难道每个人都必须完全孤立地生活吗——与纯粹的自我关联性并存？

事实显然并非如此。我们既不是生活在与世隔绝的环境中，也不是生活在"一切人反对一切人的战争"这种纯粹负面的环境中。相反，我们生活在极其多样的环境中。这并不是一个谜语：自恋绝对是一种反社会原则。然而，我们如今仍然生活在因自恋而运作的社会中。以前，人们花费了很多精力、采取了很多措施来限制自恋，因为自恋对社会关系是不利的。如今的情况则恰恰相反：如今是社会在推动自恋。简而言之，我们生活在一个新型的社会中，人们可以将其称为自恋的社会——同时必须充分意识到其中的矛盾。

为了能思考这种矛盾，也就是能思考一个自恋的社会，自恋必须具有某种东西——超越自我关联性这一固有的反社会原则，也就是超越目前的考虑范围。

我们在第三章和第四章探讨了被转化为经济现象的自恋，

现在将开始探索作为社会现象的自恋——在一定程度上，寻找自恋者和他人。我们要寻找的不是将社会置于自恋彼岸的现象，而是通过自恋来规定社会的现象。这种探索的出发点和路标是弗洛伊德的思想，他在 1921 年的研究《群体心理学和自我分析》（"Massenpsychologie und Ich-Analyse"）中提出，不能严格地将"社会现象"与"自恋过程"区分开来。[1]自恋过程具有社会的维度——社会现象可能具有自恋的成分。如果我们要将自恋视为占据主导地位的意识形态，那么这种联系对我们来说至关重要。

为了更好地探索，我们必须再次转向个体自恋的（发展）轨迹，它在第二章出现过。自恋在个体精神生活中的历史分为两个阶段，这对我们来说具有重要意义。

让我们回顾一下。第一个阶段是婴儿与其环境的共生、统一，婴儿还不能将自我与环境区分开来。弗洛伊德将其称为"原始自恋"——一种完美的幸福感，一种无拘无束的全能感。人们对这种体验缺乏有意识的记忆。在以后的生活中，这个失去的天堂只是作为一种预感、一种感觉浮现在我们的意识中：一种与整个世界联系在一起的"海洋感觉"。这是一种不明确的渴望。不明确，是因为缺乏有意识的记忆，它的内容无法确定；渴望，是因为它追求一种失去的幸福。

驱逐人们离开自恋天堂的，是与现实的相遇，它表现为一种干扰：文化观念和伦理观念的压力，幸福的自我关系与之发生冲突。这些观念以社会要求的形式出现在儿童面前。首先来自父母，然后来自其他权威。正是这些要求改变了自恋：它变成了理想，自我理想。再次借用弗洛伊德的优美表述，"失去的童年自恋的替代品"。

随着这种转变，第二个阶段开始了——"继发自恋"。之前针对自我的自恋变成了现在针对理想的自恋。换句话说，继发自恋意味着服从于理想。

我们必须再次强调，理想来自外部。弗洛伊德认为，理想是"外部强加的"。自我理想由此具有一种特殊的地位——它同时具有个体的部分和社会的部分。随着理想的形成，社会观念渗透到心理机制的内部——"一个家庭、一个阶级、一个民族"的共同理想。[2] 可以说，自恋是通过理想来社会化的。自我理想是社会在主体身上的代理人。

因此，自恋从根本上带有社会性的印记（在继发自恋中）。社会性存在于心理结构最隐秘的部分。

就这方面来说，继发自恋是一种极其矛盾的结构——它由两种对立的倾向构成。我们需要注意以下两个因素，因为它们是我们问题的核心：一方面是海洋感觉——渴望一种内外无差别的状态，渴望恢复这种与世界融为一体的幸福状态；另一方面则是一个苛刻的理想——对完美的迫切想象，对完美、理想自我的苛刻规定。简而言之，海洋感觉和理想。

因此，变样的、成年的继发自恋既具有怀旧的特征，又具有理想的特征：在各种矛盾中，它既渴望海洋感觉中自我的消失，又追求理想中自我的提升。对我们来说，继发自恋的这两个因素都很重要。

"自恋的满足",也就是人们可以从继发自恋中获得的满足,和以上两个因素联系在一起。"自恋的满足"是一个矛盾的概念,因为自恋从根本上是无法实现的:既无法真正实现原始自恋的海洋存在,也无法实现理想的完美规定。我们可以确定:"自恋的满足"是双重的,也是双重不可能的。在这个意义上,自恋是一种持续不断、无法满足的追求。它无法停止,因此无法真正满足。

然而,仍然存在一些方法和途径——不是真正实现,而是部分实现。我们想将这些方法和途径称为"自恋的支撑"(narzisstische Krücke)。*

在这样一种自恋的支撑上,我们可以创造出近似的东西——既接近与世界融为一体的海洋感觉,又接近理想的严格规定。自恋的支撑提供了这两种不可能的转化,就像成年的继发自恋是对失去的原始自恋的转化一样,就像继发自恋是对其矛盾追求的妥协和替代品一样。自恋的支撑也是一种替代品——替代无法满足的自恋追求,它为无法实现的东西提供"满足"——为海洋感觉和理想规定提供满足。

我们要区分两种类型的自恋支撑,它们是完全对立的:成功和共同体(Gemeinschaft)。这两种支撑以各自的方式转化了

---

* 尽管支撑本身并不自恋,但为了可读性,我们保留"自恋的支撑"这个说法,并接受轻微的变形。——原注

海洋感觉和理想这两个因素。因此，我们有两种支撑，每种都涉及两个因素。不过，在探讨这两种支撑之前，我们先来看看它们的共同点。

这两种支撑都基于同一个深刻的社会原则——认可。然而，这是一种非常特殊的认可。它与德国哲学家霍耐特[*]的核心概念——承认形成了鲜明对比。[†]

对霍耐特来说，社会建立在相互承认的体验上，这意味着"为了他人的利益限制自己以自我为中心的欲望"。[3]我们通过限制自己的自爱和自私来相互确认、肯定和承认。因此，这里的承认从根本上是相互的和反自恋的。

霍耐特区分了两种类型的承认：一种是积极的形式，它授予主体权利，促进个体自主；另一种是消极的形式，他认为这种形式如今无处不在，它只是承认的"代用品"——正如霍耐特所说，打着承认和赞扬的幌子让人们服从，迫使他们自愿接受符合规范的行为。

我不同意霍耐特的观点。一方面，对我们来说，授权和服从并不是一好一坏的两种不同版本——相反，自愿服从恰恰意味着授权与服从同时发生，这正是同意与现状之间深深的纠缠

---

[*]　阿克塞尔·霍耐特（Axel Honneth，1949— ），德国哲学家，法兰克福学派第三代代表人物之一，继承了法兰克福学派批判社会理论的传统，致力于将社会政治分析与哲学探索相结合，著有《承认》《物化》等。——译者注

[†]　这里，作者提出的"认可"和霍耐特提出的"承认"使用了同一个德语单词"Anerkennung"。——译者注

所在。另一方面，规定社会的认可如今在各个方面都被证明与霍耐特的概念相反。

如今占据主导地位的认可绝不是为了限制自爱。相反，它是"享受"自爱的方式，因此，这是一种自恋的认可。这样一种认可不是相互的、对称的，恰恰相反，它是他人对个体的不对称认可。认可在这种情况下意味着与他人之间特殊的自恋关系——自恋的社会关系。

那么，我们有什么呢？我们有自恋的支撑，它通过特定的认可关系向我们承诺一种"自恋的满足"。或者说，至少给我们提供了部分的、替代性的满足。如前所述，自恋的支撑有两种类型：成功和共同体。每种类型必须提供两个转化（理想的转化和海洋感觉的转化）才能发挥支撑的作用。接下来，我们将探讨这两种支撑及其各自的要素。

自恋的支撑 1：成功

成功与自我理想

众所周知，成功对我们的社会存在来说至关重要。然而，成功意味着什么呢？为什么人们如此努力地追求成功呢？换句话说，成功承诺了什么呢？

成功意味着认可——被肯定和被确认。这种认可表现为各种形式——从短暂的赞扬到如雷的掌声。因此，成功不只是所谓的社会精英的专利，对成功的渴望、追求、期望和要求充斥

着整个社会——从"小老板"制度（也就是企业内部的等级制度）
到明星和名流，从微小的喜悦到辉煌的胜利。

德国经济学家格奥尔格·弗兰克[*]认为，如今成功的货币是
关注，[4]也就是被看见、被感知。正如弗兰克所说，这种被感知
是我们的"重要生活感受"。它既涉及声誉，又涉及对他人的吸
引力。它既涉及对成绩的认可，又涉及对个体的认可。

然而，在这个过程中究竟发生了什么呢？我们真的能像弗
兰克写的那样，"在另一种意识的镜子中"认识自我吗？我们是
否像理查德·桑内特写的那样，在成功中被感知为个体呢？

从本书的角度来看，答案显然是否定的。成功并不意味着
被感知为个体，否则，成功就无法提供自恋的满足。这样一种
"成年的"继发自恋的满足，只有在源于自我理想时才可能存在。
因此，在成功、关注、赞扬和掌声中，我们并没有被感知为个体，
并没有被感知为我们的自我，恰恰相反，在成功中，我们在一
定程度上是双重的自我。

这既适用于高朋满座时的喝彩，又适用于日常工作中的赞
赏。无论是在短暂的赞扬中，还是在持续的掌声中，甚至是在
声誉中——结构都是一样的。尽管在程度、强度，尤其是在社
会后果和经济后果等方面存在巨大的差异，但这个过程的结构
在社会的各个领域都是相同的。在这个意义上，这一过程不仅

---

[*] 格奥尔格·弗兰克（Georg Franck，1946— ），德国经济学家、建筑师，维也纳
　工业大学教授，主要研究领域为注意力经济、空间经济等，著有《注意力经济》
　等。——译者注

限于名流，而且贯穿整个社会。

在成功中，人们将自我双重化，因为人们被感知为理想和理想自我的化身。成功、关注是一种外在认证：人们"符合"理想，"实现"理想，在一定程度上、在某一时刻与理想的完美"一致"——无论程度如何。

在成功中，我们将自我双重化为一个世俗的形象和一个崇高的形象，这里可以参照中世纪的"国王的两个身体"的观念。根据这个假设，国王将自己的两个身体结合在一起：自然的、可见的身体和崇高的、不可见的身体（民族）。这个假设在这里只是用来类比我们在成功中的经历——所谓的自我的两个身体。在这种双重化中，世俗的身体、形象是我们的自我，"崇高的"身体、形象则是我们理想中的自我。在成功中，在每一次成功中，人们都（或暂时或持续地）成为自己理想的化身。在较好的情况下，人们会成为理想的化身；在较坏的情况下，人们会成为尼采所说的"理想的表演者"。在成功、关注、赞扬和掌声中，人们被感知为理想的化身。因此，一种胜利感在这一刻产生，这是一种符合理想自我的胜利——无论这种胜利是瞬间的还是持续的。这种胜利感就是"自恋的满足"。它源于自我理想的认证式实现。

正是在这种胜利感中，我们关注的社会变革逐渐清晰可见。因为这正是自我理想统治与超我统治*的区别所在：严格的超我

---

* 我们已经在第二章结尾简要探讨了这种区别。——原注

是一种（惩罚）机制，只有当它暂时失效，也就是人们违反严格的规定时，胜利感才会产生。[5] 自我理想则是一种权威，在它那里，胜利感的产生在于（假设或部分）满足规定。而成功这种体验似乎向我们证明了这种满足。

那么，我们应该实现的自我理想是什么？它包括哪些内容？人们应该如何想象它？自我理想是一种心理权威，它作为榜样要求自我、观察自我并将自我与理想进行比较。理想自我则负责提供相应的形象：完美的形象，完美自我的形象。这个形象就像理想一样，因情况而异：因为它既包括完全个体化的部分，又包括家庭、阶级、民族的集体理想——正如我们在弗洛伊德那里看到的那样。因此，它是时代、环境、阶级的个性化理想。就这方面来说，理想是可变的。

理想与超我的另一个不同在于，超我的规定具有必须遵守的法则结构。自我理想则是一个榜样，一个完美的自我。作为一种形象，它向我们展示了一种完美，这种完美在于比自我更大、更好。就这方面来说，正如拉康所写的那样，超我是强制性的，自我理想则是崇高的。因此，自恋意味着一种提高。自恋的公式就是自我提升、超越自我——作为对理想的接近。

这也清楚地表明，自恋并不意味着自我实现。自恋不是为了实现自我，而是为了超越自我。自恋意味着对理想的追求——这种追求是以理想为导向的提高，同时也是对理想的服从。

在这个意义上，继发自恋并不是在哪里都（只）看到自我，尽管它是一种镜像关系。但这里反映的不是贫乏的、不足的自我，而是它的完美版本——理想。这就是继发自恋到处寻找的东西：不是人们以为的自我，而是理想自我。

德国哲学家路德维希·费尔巴哈*早在 1849 年就勾勒出了这种关系。他在对宗教的批判中指出，上帝的观念正符合这种特殊的镜像关系。人们在上帝那里看到的是自己的镜像，因为"上帝是人的镜子"[6]——但上帝所反映的不是人的不足，而是人理想化的完美。作为一种镜像，上帝是"人类所有完美的化身"。

我们可以确定：自恋的满足源于完美的形象，源于自我理想（正如我们所见，成年的自爱适用于这种自我理想）。然而，为了获得这种满足，需要他人的存在。在这个过程中，他人扮演着特定的角色——他们是做出评判的观众。

这就是他们——他人。在第四章，他们主要作为竞争对手出现，现在他们则以观众的身份与我们相遇。在观众中，我们将找到自恋的第二种支撑，也就是共同体。不过，我们需要先看看观众与成功的联系。

当论及"我是否符合我的理想"这个问题时，应该由观众来考查、衡量、评价，必要时由观众来确认。观众没有真正客观的标准来判断个体是否实现了理想。观众只能确认符合理想的幻觉，至少是暂时的。这种确认是脆弱的、不稳定的，随时可能被收回。无论是老板观众（在赞扬的那一刻，即使是老板

---

* 路德维希·费尔巴哈（Ludwig Feuerbach，1804—1872），德国哲学家，主张无神论和唯物主义，其思想对后世哲学家如马克思、尼采具有较大影响，著有《基督教的本质》《未来哲学原理》等。——译者注

也会短暂地成为这样的观众)、客户观众、同事观众还是其他观众——每种观众都承担了观察者和审查者的功能。观众成为理想的守护者。然而，这正是我们的心理权威所承担的功能：自我理想观察、考查、衡量并判断自我是否符合理想。因此，每种观众都承担了我的自我理想的功能，至少是暂时的。更准确地说，分担了这些功能：我成为理想的表演者、理想自我的化身，观众则扮演了观察者和审查者的角色（权威）。我们共同演绎了这种心理关系的整个场景。

但在这个过程中，奇怪的事情发生了。

让我们回顾一下：理想是文化规定和伦理规定的内化，是社会要求的内化。在我们的场景中，自我与观众一起表演，内化的权威又短暂地转移到了外部。在这一刻，观众作为我的自我理想的代表，是一种外在化的、表面化的内在。

但这意味着：观众不是真正的外在，观众不是真正的他人。

在这里，本章开头提及的矛盾得到了解决：社会与自恋者之间的关系。继发自恋（就其最初的社会性而言）依赖于他人，它只能通过他人来实现。自恋的自我关联性需要社会——但这个社会、这个他人作为观众成为我的他人、我的外在。

因此，自恋既是一种通过观众建立的自我关系，又是一种社会化的自我关联性。成功这个自恋的支撑更是一种令人惊讶的社会关系——既不是相互的、对称的认可，也不是反自恋的认可。

这种社会关系是持续变化的，因为自恋认可的场景不是固定的。如今，每个人都在两种功能之间不断切换：观众功能和被关注功能。我们永远是他人的观众，有时（幸运的话）也是被关注的客体。

在一个将自恋变成要求的社会中，这种持续的变化也包括舞台的多样化。人们可以在舞台上展示一个增强的、提升的、崇高的自我，或者应该，或者必须，或者至少作为"理想的表演者"，作为崇高自我的代用品。

让我们以自拍为例。这一现象以其平庸性和普遍性、以最简单的结构展现了上述所有因素：一种通过技术创造的观众关系（这里的技术既包括作为手臂延伸的自拍杆，又包括拍摄和上传）。每个人都可以创造这样的观众关系。它不再需要真实的观众，因为它被转移到了虚拟世界（例如在社交网络中）。在这里，结构被赤裸裸地展现出来。自我经历了木刻般的双重化——镜头前的自我和镜头中的自我。后者是一种形象，是理想的代用品，它的崇高性和"更高的"神圣性只取决于被展示这一事实。这是技术复制的双重化。顺便说一句，这也导致一个曾经的核心社会范畴如今遭到侵蚀——羞耻感。因为作为一个完整的人，人们被要求，可以、应该、必须将自己展示为一个完整的人。这样一来，无耻成为自恋社会关系的一个重要因素。

成功与海洋感觉

要想让成功真正成为自恋的支撑——要想让成功真正提供"自恋的满足"，还缺乏一些东西。我们已经看到，继发自恋由两个矛盾的因素组成：一方面是自我理想；另一方面是童年时期全能感的残留——海洋感觉，对统一的渴望，对融合的渴望，对自我与世界之间的不可区分性的渴望。

我们已经考察了第一个因素，也就是成功与自我理想的关系。接下来，我们将探讨第二个因素——海洋感觉的转化，成功所带来的对海洋渴望的满足。

由此产生了一个问题：我们如何体验关注、认可和确认？在这一点上，我们认为，外在的确认对我们来说是一种体验。但这是一种什么样的体验呢？

我们将成功体验为对我们符合理想的确认。另一种表述是，我们在成功中体验到完全的同一性。*完全的同一性意味着符合理想，符合理想的自我。这里涉及一个循环，因为理想（不要忘记这一点）永远无法实现，永远无法达到。因此，完全的同一性意味着与理想的自我之间不可能的、纯粹虚幻的"一致"。（谁符合了自己的理想？）然而，这种一致得到了外在的确认：成功。如果与理想相一致是不可能的，那么对它的确认也是不可能的。谁能真正确认这样的事情呢？因此，成功将两个不可能的因素

---

* 在这里，我想接受并继续思考我在之前作品中试图发展的东西：完整身份与非完整身份之间的对立。完整身份是一种理所当然的身份幻想，它来自与同质社会的未受质疑的统一。非完整身份则是在多元化、多样化的新社会中总是不稳定、不安全的身份，社会不能再"保证"固定的身份。我们现在面对的是完整身份的新概念——符合自恋社会的身份。——原注

结合在一起：观众确认的完全同一性。*这种被确认的统一、这种与理想的一致、这种对分裂的克服，是一种纯粹想象的体验。然而，它却是我们终生追求的核心体验。

这是一种体验（无论它多么虚幻），一切都与我有关，我可以将一切都与我联系起来。我体验到焦点在我身上——这让我成为中心（无论这种体验持续多久）。这种体验正是成为中心的体验——成为关注的中心。对我来说，这意味着成为世界的中心。

而这正是海洋状态（婴儿在原始自恋中体验的状态）转化为继发自恋的社会形式。之前的海洋体验是与世界完全一致，这种一致性现在通过认可再次出现。但这种一致性在转化过程中有所改变：我现在将其体验为世界以我为中心，成功将我置于中心。我将其体验为结束，体验为我个人宇宙的"完成"。因此，自恋的一致性就是：我与世界的统一，我将世界体验为我的，因为我处于世界的中心。即使只是短暂的赞扬。在名胜古迹、宏伟建筑前的受欢迎的自拍（回到这个例子）就是这种中心化的平庸情景。

必须补充一点：成功是一种被动的方式。它将世界变成"我的"，将世界体验为我的。硅谷（Silicon Valley）寡头们，例如投资人彼得·蒂尔（Peter Thiel），则想要主动地创造这种体验，不是接受赞扬，而是真正地改造世界。但我们可以从中看到，

---

* 斯宾诺莎写道，声誉是一种"对自我的满足，它只由大众的意见来滋养"。（参见：Spinoza: Ethik, Leipzig 1919, IV. Teil. Von der Knechtschaft. Lehrsatz 58, Anmerkung.）——原注

充实的体验会带来什么：一种本质上的被动性，同时伴随着一种无所不能的幻想。这就是海洋体验。

对被驱逐出原始自恋天堂的成年人来说，处于中心的体验就是海洋体验。在一定程度上，这个天堂可以被"追上"。尽管这种海洋体验在某些方面发生了很大的变化。

这样一来，自我的位置完全颠倒了。在婴儿原始的海洋体验中，自我与甚至还不是外部世界的东西融为一体。现在，这种一致性变成了以自我为中心。人们能说新的海洋体验是自我的"成熟"形式吗？无论如何，这种海洋体验并不会导致成年人消除自我，恰恰相反，它导致了自我的增强和提升，使自我与世界形成了一种特殊的、新的统一，即处于世界的中心。

正是在这里，我们遇到了开头提到的矛盾：伴随我们一生的、对自我消除的渴望，反而变成了对自我提升的追求。

同样发生变化的还有圆形。我们在第二章已经看到，卡拉瓦乔选择圆形来表现纳西索斯的自我关联性，这并非偶然。自恋的世界关系就是自我与世界形成一个圆圈。

然而，社会自恋已经离开了卡拉瓦乔的孤独圆圈，它包括观众。更重要的是，它在存在层面需要观众，因为观众必须确认与理想的一致性。这种一致性首先创造了继发的海洋感觉，也就是成为中心的体验。因此，这种自恋需要观众，它的自我关联性需要社会——但在一个非常特殊的意义上，继发自恋需要的这些他人并不是真正的他人。他们不拥有他人的功能，他们是观众。在掌声中，他们成为我的观众、我的镜子。自恋的认可关系是一种镜像关系。这意味着：不可能的"自恋的满足"只能通过外在来实现，通过外部世界来实现，这个外部世界在这一刻不再是真正的外部，而是成为我的外部——外部世界在这一刻融入了我的"内部"世界。

这是一种决定性的体验。因为在这种成为中心的体验中，一个从根本上不可支配的世界变成了一个属于我的世界。（或者更准确地说，似乎属于。）自恋的认可将一个陌生的世界变成了一个让人感觉像家一样的世界。无论这种体验是多么短暂和虚幻，显然，这会引发一种渴望，几乎让人上瘾。得到的认可越多，就越容易上瘾。上瘾，因为这正是"自恋的满足"所在：就像认可是理想的替代品，中心化是海洋感觉的替代品。继发自恋的两个因素由此都得到了满足。成功被证明是（第一个）成熟的自恋支撑——成熟，因为它确实可以提供"自恋的满足"，即使只是在引号下。

在这里，我们必须注意以下几点。

这种自我中心化（无论多么短暂）符合弗洛伊德在泛灵论中分析的虚构的、想象的与世界的统一。弗洛伊德认为，泛灵论，即对自然灵魂的信仰和关于精神本质的学说，是"从一个点出发，将整个世界理解为一种单一联系"的思想体系。[7]而这个出发点就是自我，它将自己提升到中心——将世界变成自己的"镜像"。

用弗洛伊德的术语来说，我们在掌声的瞬间通过赞扬和成功所体验的，是一种倒退、一种回归。人们不必熟悉弗洛伊德

的进步概念 *，也可以将自恋理解为一种回归，回归到一种神奇的世界关系：我处于中心——这就是我们所有人都在寻找的神奇的世界关系。当今社会以一种独特的方式推动着这种世界关系，即使只是为了瞬间的魔力。

自恋已经成为一种呼唤，这一事实促进了这种关系。我们心理倾向的一部分，如今以外在的社会要求的形式出现在我们面前。更准确地说，既是一种要求，又是一种承诺——承诺自我提升，承诺"自恋的满足"。然而，这样的自我提升是一种显著的资源。换句话说，释放这些崇高的力量具有巨大的社会效益。因此，这种追求如今不再被克制，不再受限制，不再受道德约束。

有趣的是，这种自我提升的理想对我们每个人都产生了巨大的影响——但却没有简单地导致集体的、大规模的自大。为什么被允许、被要求和被挑起的自恋不会导致这种情况呢？当然，自恋始终存在失控的可能性。然而，为什么这种对自我追求和力量增强的推崇既不受到限制，同时又不失去控制？受到激励，但却没有导致过热？可以说，这是一种有限的狂妄。

自恋只是一种想象的全能，只是我们自我的镜像扩充——这种理解是不够的。纯粹的想象绝不会阻止自大。

实际上，这种有限的自恋呼唤是可能的，因为它不仅是增强，同时也是服从。因为它不仅是自我驱动的释放，同时也是

---

* 弗洛伊德将泛灵论、宗教和科学划分为成熟阶段——既是个体世界观的成熟阶段，又是人类历史世界观的成熟阶段。——原注

自我驱动的社会融入，因为它是如今自愿服从的形式。不是真正的授权，而是通过或大或小的"自恋的满足"系统来创造同意、提升自我。正是通过这种方式，与环境的"热情依恋"得到了加剧。

但还有一个因素既释放又控制自我力量：成功这个自恋的支撑不仅是一种承诺，更是一种威胁。这种威胁是巨大的。这个威胁就是，成功的缺席——失败。它的适用范围很广——从不认可到批评再到舆论风暴。我们不要忘记，自恋的认可和竞争是相互交织的。每一次成功、每一次认可、每一次关注都是不稳定的，都会加剧这种失败的威胁。

这不仅在于观众的青睐总是变化无常的，*成功之所以不稳定，还因为它固有的不可能性。它只是一种支撑，一种只能提供自恋满足的替代品。我们在这里再次遇到了一个熟悉的主题：成功总是一种自恋的痛苦。当成功缺席时，它的缺席会让我们痛苦。但当成功出席时，它也会让我们痛苦。因为它总是带着一种不足。简而言之，成功始终是一种不充分的满足。

题外话

自我展示的舞台成倍增加，要求和呼唤成倍增加——简而言之，整个社会以成功为导向，这使成功的缺席变得更沉重。

---

*   斯宾诺莎认为，"只由大众的意见来滋养的"声誉随时都可能停止。因为大众是"易变的、不稳定的"。（Spinoza: Ethik, Leipzig 1919, IV. Teil. Von der Knechtschaft. Lehrsatz 58, Anmerkung.）——原注

但持续不断的过分要求已经变得难以忍受，这种要求也付出了代价——它造成了严重的疲惫。疲惫，正如德国社会学家斯蒂芬妮·格拉芙*所写的那样，是我们这个时代的一种恰到好处的疾病。[8]

我们借用格拉芙的说法——疲惫是自恋投下的阴影。除了经济后果和社会后果，理想持续地要求（甚至是无法实现的要求）也是自恋不断造成的伤害。格拉芙认为，应对过分要求和过度疲惫这一主体危机的答案是：心理韧性（Resilienz）。

心理韧性是应对危机、压力和意外事件的能力。心理韧性意味着一种精神抵抗力，能安然无恙地承受过分要求，即使在不利的情况下也能自我调节。在一个超负荷运转的社会中，这是一种备受欢迎的能力，也是一种（据说）可以培养的能力。

但在格拉芙看来，心理韧性是一个绝对矛盾的概念。在创伤治疗中的成功应用让心理韧性逐渐成为普遍的生活能力和自助能力。格拉芙认为，这种矛盾性在于心理韧性的效果。因为它教人平静，平静地接受无法改变的事物。这样一来，心理韧性将批评、抵抗和不适转化为认同和有效的适应。

但对格拉芙来说，心理韧性的承诺不只是被动适应。它不仅承诺在危机中保持完整，还承诺从危机中脱颖而出，变得更强大。格拉芙认为，这样一种"创伤后成长"，也就是在危机中

---

* 斯蒂芬妮·格拉芙（Stefanie Graefe，1966— ），德国社会学家，耶拿大学讲师，主要研究领域为政治社会学、生物政治学和定性社会研究等，著有《资本主义危机中的心理韧性》等。——译者注

成长，是心理韧性的核心。负面经历、困境和危机都被重新解释——变成一种有意义的资源，进而调动强大的精神力量。

可以说，"克服障碍产生辉煌的胜利者"的古老梦想正在被改写。因为拥有适应力的"英雄"在危机中变得如此强大，以至他不再依赖胜利。因此，心理韧性最终意味着改写，重新编码成功的意义——从掌声到幸福的自我满足，从赞扬中的自负到自我关怀。在过分要求的条件下，成功意味着找到意义。

我们面临的问题是：这是一种新的社会理想吗？这是否改变了自恋，改变了自恋的呼唤？心理韧性带来了一个不同的主体，带来了一个不同的主体观念——"脆弱的"主体。心理韧性不仅是一种自我提升的技术，正如格拉芙所说，它还将脆弱的主体与本应无所不能的主体——"雄性胜利者"对立起来。

然而，脆弱的、自我关怀的、拥有适应力的主体同样是自恋的——尽管是与胜利者类型不同的版本。我们在这里探讨的不是自恋的彼岸，而是自恋的不同变体。

对我们来说至关重要的是，一种占据主导地位的意识形态可以具有不同的实现方式。例如自恋，它既可以是强健个体的自恋，也可以是脆弱主体的自恋。

本书始于这样一个问题：为什么我们要同意现状呢？一开始，我们以新冠疫情为例，经过深思熟虑，我们现在回到这个例子。

因为（即使我们几乎忘记了他们）疫苗接种的支持者和反对者、戴口罩的支持者和反对者之间的对立清楚地表明，这里出现了两种自恋类型。这是两种自恋的生活方式——作为自信的、增强的自我，以及作为脆弱的、易受伤害的主体。这为自愿性的问题提供了两种答案。

就那些认为自己脆弱的主体而言，他们的自愿性建立在他们的自我关怀上，建立在脆弱主体的自恋上，这使他们遵守了各项措施——从戴口罩到接种疫苗。对他们来说，心理韧性就是新的自恋公式。

然而，那些仍然依附于另一种自恋模式的人，也就是认为自己强大的人，拒绝了这种新的自愿性——同样是出于自恋，但却是它的"古老"变体。他们的自愿性、他们的自愿服从仍然适用于增强的、强健的自我的自恋，最简单的版本就是胜利者类型。

人们不应该陷入这些名称似乎暗示的误解：脆弱并不意味着软弱，胜利者类型也不意味着强大。就像脆弱者不是被动服从一样，"强者"也不是反叛。它们其实都是自愿服从的形式。有些人追随旧版本的自恋呼唤，有些人则追随新版本的自恋呼唤。新冠疫情正是这两种形式相互碰撞的时刻。接种疫苗的人和未接种疫苗的人在不同的自恋中相互对立，不可调和——毕竟，他们都想要保护自己的自我关系。

然而，新冠病毒否认者和疫苗接种反对者的"古老"自恋仍然需要关注。*所谓的"横向思考"（Querdenken）组织†具有

奇怪的异质性：底层人和神秘主义者在这里相聚，抵抗着所有社会证据和政治证据。他们有一个共同点——拒绝国家和社会。换句话说，他们在对个人自由的解释上达成了一致。

"古老"的自恋呼唤基于对个人自由的信仰——对世界的要求，实现个人愿望的权利，不受限制的个人利益。人们在很长一段时间里都拥有这种信仰，如今，这种信仰仍然发挥着作用。

然而，在新冠疫情期间，社会进入了紧急状态，政治接管了一切。面对国家明显的干预和调控，反对者以个人自由的名义抵抗这种"过分要求"。在各种矛盾中，所谓的"新冠病毒否认者"通过"古老"的呼唤来抵抗新的环境，也就是以"古老"的服从的名义。这种"古老"的纠缠有多深，他们对新环境的反应就有多强烈。这在下面这一点上表现得尤其明显：他们渴望个人自由，仿佛这就是他们的救赎——即使以健康或生命为代价。这就像是一种时差，新的要求与旧的答案并不匹配。

在这样的时刻，当一个不是真正新的而是发生变化的呼唤出现时，对"古老"呼唤的坚持往往会蛰伏在那些强势复苏的形式中。这些形式承诺了一种直接的自恋体验。

在阴谋论中，人们声称自己能"看清"隐藏的联系。

在神秘学中，认识世界的途径是人的感知、感官和身体。

在迷信中，同样存在着一种自恋的世界关系。

正如斯宾诺莎所说，在各种危机时期，人们倾向于"相信任何事情"。在不幸和不确定的时期，人们非常容易接受迷信。因为危机会制造恐惧，而恐惧正是斯宾诺莎所说的"产生、滋养和维护迷信的东西"。[9]因此，新冠病毒的肆虐为迷信的滋生提供了沃土，人们在幻想中寻求庇护。

在迷信中，这些幻想成为人们观察和评价世界的出发点，然后，这些幻想构成了认识世界的途径。根据斯宾诺莎的说法，迷信者解释世界"完全就像他们在分享自己的妄想一样"。因此，迷信是一种独特的解释学、一种阐释、一种基于这种信仰的对世界的解读。人们在世界的各个角落寻找自己的妄想，而这样寻找（的结果就是）——人们（总）会找到它。于是，世界充满痕迹，充满符号，充满对幻想和自我的确认。世界在回应，这是一种独特的自恋共鸣。

自恋的支撑2：共同体

然而，对一个以自恋为导向的社会来说，成功这个自恋的支撑（尽管它很有效）是不够的。一方面，因为成功不断受到失败的威胁。另一方面，因为成功有其内在的局限性。成功不可能无限扩展。首先是时间上的限制——没有人可以一直成功。但自恋者必须不断得到确认。然而，并没有一个自恋的水库可以随时供应。这种"满足"是短暂的，无法长期保持。其次是数量上的限制。因为需要更多的赞扬者而不是被赞扬者。阳光下被感知者的位置比阴影中感知者的位置更稀缺。

鉴于以上原因，成功作为自恋的支撑是不够的，整个社会的自恋需要一种补充。它需要第二个自恋的支撑来弥补这种不足。这个支撑应该向那些受失败威胁的人承诺"自恋的满足"，就像它也应该向观众席上的人承诺一样。总而言之，社会自恋需要第二种支撑。

这种支撑是成功的对立面。作为一种支撑，它必须服务于继发自恋的两个因素。因此，它必须为自我理想和海洋感觉提供一些东西，它必须为两者提供转化和替代性的满足。这样一来，它才能发挥支撑的作用，它才能为我们提供实际上不可能的东西——"自恋的满足"。

共同体与自我理想

第二个自恋支撑的基本因素是将理想委托的能力，也可以说是将理想外包的能力。弗洛伊德在前面提到的《群体心理学和自我分析》一文中勾勒了这种可能性。在这篇文章发表的1921年，群体形成（Massenbildung）*的问题非常急迫。在这里，我们想在一定程度上沿用弗洛伊德的文本。

出发点是自我的分裂，这种分裂从一开始就伴随着我们——将我们分为自我和自我理想。在弗洛伊德看来，自我理想源于环境对童年时期自我的要求。我们已经看到，这些要求既可以是道德性的，也可以是文化性的。但现在，正如弗洛伊德所写的那样，自我并不能总是满足这些要求。它不能总是实现人们

---

* 社会心理学术语，指多个个体通过认同自己的身份、承认他人的身份形成群体的过程。——译者注

的期望，无论是他人的期望还是自己的期望。因此，出现了一个额外因素，也就是人们对自我感到不满——因为后者不符合理想。

套用自恋支撑的概念，这意味着，第二个支撑的必要性不仅在于成功是有限的——正如我们刚才所说的那样，还在于心理结构本身产生的对自恋支撑的需要，一种迫切和痛苦的需要。

对我们来说，弗洛伊德接下来所写的内容尤其重要：一个不符合自己理想的人，可能会因自己的不足而受到严重影响，可能会遭受严重的自恋伤害——但这个人仍然拥有找到满足的可能性。而且，这种满足正是他所追求的，即来自理想的满足。

实现这一点所需的结构可以从热恋中看出。弗洛伊德写道，热恋中引人注目的现象是高估，被爱的对象*被过分高估——被理想化了。而这正是我们要探讨的核心问题：弗洛伊德写道，在某些形式的爱情选择中，爱恋对象的作用是"替代自己尚未达到的理想"。这里指的不是所有热恋，而是那些出现强烈理想化的情况。

我们可以确定：客体可以替代我们的自我理想。这意味着，另一个人可以承担我们理想的功能——作为代理人。因此，自我理想可以外化，可以转移给他人，在一定程度上可以外包。对我们来说，这是一个至关重要的机制。

---

*　在精神分析的术语中，对象指的是占据客体位置的东西，而不是口语中的调侃或歧视。——原注

然而，这种转移只有在外化的代理人与某种内化相结合时才能实现。也就是说，只有当我们与他人建立某种特殊关系时，这个他人才能承担我们理想的功能，类似于我们与自己理想之间的关系。因此，需要与这个他人建立一种自恋的关系。就像理想化的热恋一样，被爱的人在一定程度上分得了我们的自爱。*

只有当我们通过爱将他人内化时，这个他人才能替代我们的自我理想。但我们为什么会爱他呢？正如弗洛伊德所说，我们爱他是因为他的完美——因为我们自己努力追求却没有达到的完美。而现在，我们"想要通过这种迂回来获得"，也就是满足我们自己的自恋。在这种情况下，我们并不是像爱自己一样，而是像爱更好的、更理想的自我一样爱这个他人。这就是问题的关键所在：我们将自己尚未实现的完美转移到一个被我们过分高估的人身上。只有这样，这个他人才能作为代理人实现我们的理想。

弗洛伊德所说的"迂回"正是这种自恋支撑的基础——尽管这种迂回可能是一个有些歪曲的形象。这种支撑的作用在于，通过外包来实现理想，通过委托来释放自恋——至少是一部分，即来自理想的满足。

不过，热恋只是自爱可以选择的迂回之一。另一种迂回是催眠，在 20 世纪 20 年代非常流行。在催眠中，催眠师替代了

---

* 在这里，我们再次看到纠缠、内外交错——就像第一种支撑一样。但现在的形式不同了。——原注

自我理想的位置。在弗洛伊德的文本中，催眠超越了热恋，是替代性理想实现的第一社会形式。它为弗洛伊德论证自我理想的进一步转移开辟了道路——向群体转移。在这里，这种转移机制才获得决定性的社会意义。弗洛伊德关注的不是自发的、暂时的群体形成，例如街头群体。他研究的其实是高度组织化、持久稳定的教会和军队——他那个时代两大重要的"人造群体"。对他来说，关键在于"群体内部个体与领袖的关系"。[*]因此，在弗洛伊德那里，热恋、催眠、群体是自恋满足的三种形式、三种迂回，群体在其中处于中心。

那么，什么是领袖呢（在领导者的意义上）？[†]弗洛伊德认为，领袖是体现群体内部所有个体自我理想的人。也就是说，他是群体内部所有成员理想的代理人。然而，是什么让一个人成为这样的领袖呢？是什么让他成为这样的代表、化身呢？[‡]

乍一看，领袖的选择正是遵循了自我理想的核心因素——提高。根据弗洛伊德的说法，领袖必须以更高、更纯粹、更敏锐的形式具有个体特征。在这个意义上，他体现了我们的理想。这使他成为一个例外形象——一个脱离群体、高人一等的人。

---

[*]　1921 年，弗洛伊德仍然可以在"领导者"的（清白）意义下使用"领袖"这个术语。尽管对弗洛伊德的用词感到不安，但我们还是想予以保留。——原注

[†]　德语"领袖"（Führer）一词也可译作"元首"，后者在纳粹德国时期专指阿道夫·希特勒（Adolf Hitler，1889—1945）。——译者注

[‡]　弗洛伊德明确指出，领袖的功能也可以由某种抽象的东西来承担，例如一个想法或一个愿望。我们会再讨论这个问题。——原注

但实际上，还不清楚：是因为他体现了理想才成为例外形象，还是因为他处于例外形象的位置才似乎体现了理想。同样不清楚的是，领袖是否真的必须具有被赋予的这些特征。让我们回顾一下，热恋的初始假设是高估。这就意味着，爱恋对象不一定要真正拥有被赋予的优点——只要能给人一种更强大、更独立的印象就够了。因此，仅占据领袖的位置就够了。但这种印象会对群体产生什么影响呢？

与之前的群体理论家相反，弗洛伊德并不认为领袖是通过暗示来影响群体的。之前的理论家将暗示理解为通过模仿和感染来施加影响。要做到这一点，个体必须认同领袖。但对弗洛伊德来说，关键在于领袖的例外形象体现了理想：人们不会认同理想，人们不会模仿理想。与理想的联系是另一种性质——弗洛伊德认为，是一种爱欲的性质。这是一种爱的联系。人们爱的是在例外形象中实现自己的自我理想。因此，与领袖的关系是一种自恋的情感关系——一种自爱的迂回。在教会和军队等群体中，除了纯粹的等级关系，还有对领导者的爱欲关系。对领袖的爱是第二关系，它补充了第一关系，也就是权力关系。

弗洛伊德所强调的榜样，也可以说是领袖的原型，就是神秘的祖先——原始部落的首领。我们感兴趣的不是这种原始领袖的"科学神话"，而是与他的关系。正如弗洛伊德所写的那样，祖先"同时受到恐惧和崇拜"。

对我们来说，这种双重关系、双重联系非常重要。在这里，我们回顾一下路德维希·费尔巴哈的宗教批判。在费尔巴哈的批判中，理想（也就是上帝）的形成也伴随着一种双重化——神圣本质的双重化。

一方面，上帝被想象成完美道德的化身、理想道德的本质。他是法则，是正确行为的指导。作为法则，上帝是理想的观念，正如费尔巴哈的优美表述，"向我呼喊我应该是什么样"。[10] 然而，在理解我们应该是什么样的同时，也理解了我们不是什么样。这种完美本质的持续缺失引发了一种"虚无感的痛苦"。不过，上帝的完美如此广大，以至可以将我们从这种自卑感中拯救出来，即通过上帝对我们的爱。这就是神圣本质的另一方面：它不仅被想象为法则，还被想象为爱，主动的爱。

对我们来说，这种双重化非常有趣。一种双重权威（法则和爱，惩罚和关怀），我们与之有双重关系——服从和崇拜。在费尔巴哈那里，上帝也同时受到恐惧和崇拜。

这种法则与爱的双重化，体现在两种心理权威中——自我理想和严格的超我。超我就像法官和审查者。它的任务是批判性的自我观察。它是规定法则并禁止违反的权威，不遵守规定将受到良心和负罪感的惩罚。

自我理想则更多的是一种"被爱而非被恐惧"的榜样。[11] 当理想没有实现时，产生的不是负罪感，而是自卑感。

不过，需要注意的是，弗洛伊德在1923年才完成对超我和自我理想的区分。1921年的《群体心理学和自我分析》还没有对两者做出严格的区分。后来归属于超我的功能在这里仍然归属于自我理想，例如批评、审查和良心。

如果用弗洛伊德晚期的眼光（或者说概念）来阅读弗洛伊德早期的文本，人们就会看到他尚未做出的区分。人们就会看到，群体的领袖也承担并体现了超我的基本功能，而不仅是文本中明确指出的自我理想的功能。或者更准确地说，弗洛伊德的领袖兼具两者的部分——其中超我的部分似乎占据主导地位。因此，被转移、被外包的不仅是自我理想，还有超我。

对我们来说，这种区分非常重要，因为它让我们有可能关注如今的问题：从超级领袖（具有理想的部分）转变为纯粹或主要的自我理想的化身，也就是从领袖到明星的转变。

让我们概括一下：理想是无法实现的。现在可以通过一种迂回的方式来实现自恋——将理想转移到一个代理人身上，将理想外化。在弗洛伊德的群体中，这个代理人就是领袖。然而，现在的实际情况是，旧的权威正在被瓦解（我们在第四章已简要提及）。这种瓦解为新形式的理想化、新的转移、新的"迂回"、新的代理人开辟了空间。

这样的关系具有不同的形式。领袖和群体具有多种变体——从法西斯领袖到弗洛伊德所描述的领袖，再到魅力型领袖和他的追随者，还有明星和他的粉丝。后者是如今最重要的关系。明星是自爱如今采用的一种基本迂回，他是重要的自恋支撑。

明星是纯粹的自我理想的代表。与超我领袖不同，他不规定——既不制定法则，也不下达命令。明星不呼吁，不向我们发出呼唤，他并不真正地面向我们。他在一定程度上"静止"，这正是他的诱惑所在，他通过诱惑发挥作用。因此，他引发的不是害怕，而是崇拜。明星绝对是自恋类型的社会化体现。*拉康认为，这种类型令人着迷（和令人满意）的地方在于，"感知一个封闭、圆满、完整、满足的世界"。[12] 这就是构成这种自恋类型的特征。我们在这里找到了很多我们已经见过的东西：封闭的、完全的同一性，成功的中心化——被描述或被体现。

在任何情况下，这种循环性、自我封闭性、自我关联性（以及不可接近性）都具有巨大的吸引力，尤其是对那些没有达到这一点的人来说。

社会影响和社会成功属于那些不需要他人的人，属于那些造成这种印象（或幻觉）的人。这是一个不小的矛盾。明星是理想实现的代理人——但不是权威。即使在政治中，权威作为一种形象（而不是作为一种原则）也要让位于明星——以民粹主义者的形式。无论他表现得多么权威——他都是以明星而非领袖的形象发挥作用。因此，他不必拥有强大的力量或令人敬佩的意志，因为明星本身并不是这样一个例外形象。他的优越性不是源于意志，而是源于自我关联性的体现，源于封闭圈子的幻觉。这种表面上的自我关联性完全是神圣的自我关系的世俗回响，是神圣的自我形成的遥远回声：我是我所是。

让我们总结一下：明星令其粉丝产生的迷恋源于一种热恋。在这种热恋中，明星是粉丝未达到的理想的代理人，粉丝通过明星的这种形象实现自己的自恋。然而，这种迂回得到的"自

---

* 明星的反面是齐泽克反复分析的邪恶天才。——原注

恋的满足"只是支撑的一半，它仍然缺乏第二个因素——海洋感觉的转化。这与成功的结构是一样的，只有同时满足这两个因素，自恋的支撑才是完整的。

共同体与海洋感觉

理想的委托不仅是支撑的一半，它也只是弗洛伊德概念的一半。因此，让我们回到文本。

弗洛伊德研究的群体（教会和军队）可能有所不同，但它们有一个共同点：它们都基于同样的伪装，弗洛伊德明确将其称为幻觉——领导者平等地爱着每个个体。这是群体的基本幻觉。弗洛伊德认为，一切都取决于这种幻觉。因为没有它，群体就会瓦解。到目前为止，我们已经看到，一个杰出的个体占据自我理想的位置。现在，这一点得到了补充：这个个体必须与众多个体中的每一个都建立关系——一种情感的、个人的关系。在面对群体时，这并不是一件容易的事。除此之外，这种个人关系还必须平等地适用于群体中的所有个体——所有成员、所有参与者都必须得到同等份额的爱。

这种幻觉是一种所有人平等的个人关系。根据弗洛伊德的说法，正是这种相似性、这种平等参与构成了群体内部个体之间的关系——所有个体与领导者的联系是"他们彼此联系的原因"。[13] 因此，群体内部的爱欲关系比之前想象的更复杂。一个群体在一定程度上是一种双重的情感关系：既是与杰出个体的情感联系，又是个体之间的情感联系。只有这种双重联系才能使众多个体成为一个群体、一个团体。

在弗洛伊德看来，关键在于这两种情感联系的性质不同。大主体体现了我们的自我理想，我们与它的联系是一种自恋的热恋。这是一种通过他人来实现的自爱，这一点我们已经讨论过了。然而，我们以另一种方式与其他主体联系在一起，即通过认同。那么，这种认同是什么呢？

弗洛伊德在这里提出了一种特殊的认同——人们不一定要完全认同他人，也就是在各个方面都认同他人。还有一种非常有效的认同形式——部分认同，也就是弗洛伊德所说的对一个特征的认同。换句话说，就是只通过他人的一个特征来达成一致。人们并不完全认同他人，而是只在某个方面认同他人。这个（共同）特征不一定是特殊的品质——人们与他人的一致也可能来自其他方面，例如相同的关系。在我们的情况中，可能就是与群体领袖或明星的相同关系。如果所有个体都与领袖有相同的关系，那么他们就会感到彼此相属，是同一个群体的一部分。领袖由此成为一个中心，所有人都以相同的方式与他联系在一起。人们可以形象化地想象这一点。

这种联系建立了他们之间的情感共同点。因此，弗洛伊德的公式是：群体是"将同一客体置于自我理想的位置，并因此在自我层面彼此认同的若干个体"。[14]

这种以共同幻觉为基础的和谐体验在于，群体内部所有个体都在他们的自我中找到了认同（有别于与领袖的理想关系）。因此，弗洛伊德也谈到了一种"自我共同点"，也就是他们有意识的自我之间的联系，这种联系可以延伸到与群体融为一体的幻觉。即使在强度较低的情况下，这仍然是一种与他人的"融合体验"[15]——在一定程度上与他人消除距离的体验。我们之前遇到的作为竞争者和观众的他人，在这里改变了自己的角色——成为我们的一部分。霍耐特将其称为一种"悬浮状态"，在这种状态下，与他人的界限暂时被打破。这种联系的体验使个人世界、个人视野至少可以被感知，将群体的内部世界变成其成员的外部世界。或短期或长期。然而，我们想强调的是，这种体验并不等同于兄弟情谊。这种在某方面的亲密关系（朝向一个共同目标）不应该与团结混为一谈。这里形成的不是团结的共同体，而是情感联系的海洋体验。这种联系首先存在于个体的自恋体验。

弗洛伊德指出，人们无法持续抑制原始自恋，这种状态必须"定期回归"。在弗洛伊德看来，必须偶尔撤销那些强加在自我身上的牺牲和限制。换句话说，自恋必须被反复释放。与他人联系，沉浸于群体，这种释放减轻了主观的负担。这就是其魅力所在。它让我们暂时摆脱沉重的自我——通过偶尔回归的可能性：通过减少自我来减轻负担，可能也意味着摆脱抑制。

但无论这种共生体验的强度和频率如何，在任何情况下，这种一致体验都是我们要寻找的——海洋体验的转化。它是横跨在群体内部所有成员之间的共同海洋。

现在，我们已经拥有所有要素：自我理想转化为对另一个主体的委托，后者成为中心、成为大主体。海洋体验转化为与群体内部其他个体的共同点。现在，第二个自恋的支撑已经完全建立。现在，我们看到了它作为支撑的实际作用：它为继发自恋提供了在集体中释放的可能性、在群体中满足的可能性。

然而，我们的思考还没有结束，它还需要一种补充，这种补充在一定程度上是一种更新，是一种面对当前形势的调整。

弗洛伊德在文中谈到了"群体"。这是一个有趣的概念，即使在军队或教会这样的人造的、高度组织化的机构中，成员也被视为群体——始终在机构之下的群体。这一概念的形成可能也归因于20世纪20年代的急迫形势。一百年后，人们不再谈论群体，而是谈论共同体。尽管弗洛伊德的例子（教会和军队）仍然存在，但它们的重要性已经大大降低——弗洛伊德的主张可能很快就会过时，就像乌克兰战争所表明的那样。如今占据主导地位的社会化形式是多样化的共同体。共同体作为社会化形式——这种表述已经暗示，人们谈论的不再是传统的共同体。毕竟，传统的共同体曾被视为社会的对立模型。我们如今面对的是一种新型的共同体。*

---

* 德国社会学家斐迪南·滕尼斯（Ferdinand Tönnies, 1855—1936）在其经典著作《共同体与社会》（*Gemeinschaft und Gesellschaft*）中将人类的共存区分为两种对立的类型：传统共同体（例如村庄或教堂），由分离的个体组成的现代社会。在如今的讨论中，共同体的概念反复出现。例如，法国社会学家米歇尔·马费索利（Michel Maffesoli, 1944— ）提出了"新部落主义"（new tribalism）。他认为，在后现代社会中，共同体的回归是城市的形成——通过口味、生活方式和倾向来形成群体。莱克维茨也谈到了一种"新共同体"的回归。不过，我们不会使用这个概念，因为我们只同意莱克维茨的观点，即如今形成的共同体是新型的，但不同意如何定义这种"新型"。"部落主义"的概念也不符合我们的构想。——原注

　　定义这种新类型最好的方式是与弗洛伊德的群体进行对比。不同之处在于，理想授权的类型不同。我们已经对其进行了命名——这就是领袖与明星的区别。这两种类型涵盖了整个范围，构建了不同类型的群体。

　　领袖类型（也就是超我部分占据主导地位的类型）形成了这样一种群体：一个服从于规则、法则和规定的超我群体。*超我群体正是弗洛伊德所描述的群体（尽管他没有这样表述）——从原始部落到军队。

　　然而，我们如今可以观察到的，是自我理想共同体占据主导地位。这些共同体围绕一个明星而形成，这个明星更多的是体现而不是统治，更多的是化身而不是法则。这就是自恋共同体的类型——具有内在矛盾性。

　　至于这类共同体的例子，我们可以追溯到 20 世纪 60 年代。当时，这样的共同体通过明星原则形成，抗议占据主导地位的超我形式。这样一来，它们之间的对比就更加明显了。

　　德国文化评论家迪德里克森†通过三种行为方式描述了青年文化的抗议，这种文化在当时还是一种对立文化。这三种方式也可以被称作共同体化的三种技术：逃离-流浪-约定。[16]

---

* 然而，这些规定不一定适用于整个社会。超我群体也可以成为另一种新权威的载体——代替并反对整个社会。——原注

† 迪德里克·迪德里克森（Diedrich Diederichsen, 1957— ），德国文化评论家，维也纳美术学院教授，主要研究艺术、政治和流行文化之间的关系，著有《论艺术中的（剩余）价值》等。——译者注

　　逃离是抗议的第一步——走出房子，走出父母家，走出机构，走向自由。在迪德里克森看来，英国披头士乐队（The Beatles）的歌曲《她正要离家》（*She's leaving home*）为青年的离开和动身提供了公式。

　　迪德里克森认为，在青年文化的剧本中，接下来就是流浪——然后在异国他乡相遇。相遇意味着"定义自己和同类，认同自己和同类"。在我们看来，这意味着认同一个特征、一个中心、一个理想。所有人都以相同的方式向它看齐——无论是明星、音乐风格、潮流还是理念。而这发生在流浪偏爱的地方，例如酒吧、交通工具、加油站、街角，也就是在旧超我秩序的夹缝和裂缝中。在这里，人们可以遇见并认出自己的同类。

　　由此引出了第三种技术——约定，迪德里克森将其称为建立"自己的对立共同体"。人们还可以补充：在一个想法、一个愿望、一个渴望中，这个对立共同体作为"我的同类"相互体验和连接，进而"能在同一时间做同一件事"。也就是，一种海洋般的群体体验。

　　本书想要强调的是，超我群体与自恋共同体的区别是多方面的。

　　第一个不同之处在于如何占据中心并作为理想发挥作用。在超我群体中，"伟大的人"处于中心位置——从祖先到军队领袖。弗洛伊德认为，这不仅指一个个体，更是一种原则——力量、强大和优越性的原则。因此，如果一个抽象概念能满足这种功能，那么它也可以占据这个位置：一种观念、一种共同倾向、一种共同愿望都可以建立这样的群体联系。这一点在宗教及其看不见的领导者身上已经有所体现。与此同时，还有一个"次级领袖"，他负责体现这个抽象概念（也就是上帝）。以天主教为例，存在一套完整的次级领袖等级系统，从教皇到普通牧师均包括在内。

相比之下，在自恋共同体中，自恋规定的不仅是成员，还有中心——明星。与超我群体的领导者（或其替代者）不同，明星并不是优越性的象征。相反，他通过完美的自我关联性这一幻觉来产生影响。这种安于自我的幻觉具有某种实物性。因此，明星的功能可以被任何可能的事物承担——一个人、一支乐队、一部电视剧、一件特殊的物品。一切都可以成为理想的代理，一切都可以获得明星的地位。更准确的说法不是明星，而是明星原则。*自我关联性的原则——而不是优越性的原则。

由此，共同体的基本幻觉发生了变化——不再是领袖爱我，而是明星在意我：完全个人的我。无论明星是一个人还是一件事。甚至一个物品也可以呼唤我，向我承诺一些事情——例如充实，†这有别于领袖的呼唤。然而，我仍然以一种特殊的方式感到被呼唤、被触动、被吸引。这也可以激发对个人关系的想象。

---

* 莱克维茨谈到了"明星化"，即一种文化产品，"无论是物品、服务、媒体格式还是事件"，成为明星。在他看来，这意味着吸引大量关注。但我们谈论的是明星原则，它能创造出一种爱欲的大众纽带。——原注

† 例如，齐泽克将消费视为一种持续的、总是无法满足的寻找，寻找使我"完整"的客体——这种寻找由一种承诺驱动，即存在这样一个特殊的客体。——原注

　　这种明星原则现在采用一种特殊的方式来整合我们：不是通过奉献直至服从（就像领袖那样），而是通过着迷直至狂喜。

　　如果自恋共同体在20世纪60年代形成了一种对立文化，并且只能作为一种破坏，那么它如今已经占据主导地位。

　　这种变化也可以从明星本身的变化中看出。大致就是之前的英国滚石乐队（The Rolling Stones）和如今的英国歌手哈里·斯泰尔斯（Harry Styles）之间的区别。20世纪60年代的明星仍然是自我关联性和优越性的混合形式，例如通过增强的男子气概。但如今，这些超我残余已经被消除，明星不再表现出任何优越性。他的明星地位只建立在完美的自我关联性上——一个纯粹的自恋人物。自恋共同体就是围绕这个人物形成的。

　　与超我群体的另一个不同之处在于组织。自恋共同体没有固定的组织形式，没有固定的制度化。与超我群体不同，自恋共同体以各种形式存在：从或多或少的规定到完全的非正式，从持续性到选择性。自恋共同体可以聚集整个阶级派别或个别的亚文化——从过滤气泡（Filterblase）*到粉丝社群。它们不仅以狂喜、放纵的形式出现，而且以不同的强度存在——无论是传播的能量还是海洋般的共同体体验。简而言之，形式的多样性是它们特殊性的一部分：不是弗洛伊德的军队和教会等大型单位，而是众多不同的自恋共同体。这样的共同体可以在神秘

---

*　传播学术语，指算法过滤的过程及其后果，与之相关的概念还有"信息茧房""回声室效应"等。——译者注

学的各个领域中找到，后者将个体的身份和经验视为认识世界的途径。然而，在政治中也发生了这样的转变。近年来，围绕身份特征而聚集的团体越来越多地成为自恋共同体（我们还会遇到它们），甚至政党也受到了一定程度的影响。因为自恋共同体也可以通过改变现有团体和现有机构的运作模式来实现。这一点甚至可以在宗教共同体中观察到——在那里，宗教共同体作为生活方式共同体而存在，或者在追求卓越的教育机构中。简而言之，理想部分占据主导地位的自恋共同体如今无处不在。它是社会化的主要形式——作为社交的自恋。

　　然而，这绝不意味着超我主导的群体不再存在，这样的群体当然仍然存在，民族或宗教共同体*通常就是这种类型。共同体（由于它们很少是纯粹的，且主要存在于这两种矛盾倾向之间）也完全有可能被颠覆。人们可以想想穆尔公社(Mühl-Kommune)†，它从一个自我理想共同体转变为一个扭曲的超我群体。

　　不过，所有这些限制和偏差都无法改变这样一个结论：自恋共同体如今占据主导地位。我们再次强调：尽管它们将自己称为共同体，但它们并不是团结的共同体。恰恰相反，它们更多的是允许自恋在社会中释放的群体。

　　但这对一个社会意味着什么呢？

------

*　宗教共同体（同时）存在于两种变体之中。——原注
†　又称行为分析组织（Aktionsanalytische Organisation，德语缩写为 AAO），由奥地利行为艺术家奥托·穆尔（Otto Mühl，1925—2013）于 1972 年建立。该组织的主张和活动可以简单概括为"废除家庭，回归自然，自由，共享"。——译者注

一个重要后果是：群体组织的减少，以及超越法则和规定的群体的增加，都助长了多样化的、自由浮动的冲动。它们促进了包括爱与恨在内的各种情感。每个共同体都是一种情感的联系和连接。然而，自恋共同体在很大程度上以纯粹的情感社会化为基础，主要是法国哲学家巴利巴尔*所说的"情感交流"，这种交流形式如今占据主导地位。这种情感交流具有潜在的易爆性——随时准备爆发。

情感社会化具有深刻的矛盾性。因为情感联系着人们，同时又分裂着人们。情感既可以是向内的爱和忠诚，也可以是向外的不宽容和界限，甚至是攻击性的敌意。两者都是释放自恋的方式，两者都倾向于爆发。

弗洛伊德认为，与群体内部其他成员的情感联系具有令人惊讶的效果。与他人的亲密关系，与那些不被认可为同类的人（那些似乎不再是异类的人）之间的海洋般的联系，都会限制自恋。必须补充一点：这可能意味着对个体自恋的限制，但同时也意味着将自恋转移到群体身上——群体成为自恋的载体，自恋在这里真正变成了集体自恋。在这种情况下，群体内部的情感联系意味着同向自恋的共同释放，自恋由此成为一种群体体验。

与此同时，集体自恋也可以通过另一种方式得到满足，即厌恶他人，将他人视为真正的异类。显然，共同的仇恨具有令

---

* 艾蒂安·巴利巴尔（Étienne Balibar, 1942— ），法国哲学家，巴黎第十大学荣休教授，阿尔都塞的学生和合作者，著有《马克思的哲学》《斯宾诺莎与政治》等。——译者注

人难以置信的团结作用。仇恨将被憎恨的对象，无论是个人、机构还是观念，转化为消极的理想，转化为理想的消极描述。

　　对我们来说至关重要的是，弗洛伊德指出，这种"毫不掩饰的排斥"是"自爱和自恋的表现"。[17]陌生的人、事、物（与我们）越亲近，这种表现就越明显。这就是弗洛伊德著名的"微小差异的自恋"——彼此亲近的共同体之间相互攻击的现象。[18]因为正是在不完全一致的亲近中，即使再微小的偏差也会被视为根本性的批评和质疑。在仇恨中，人们以消极的方式释放自恋：作为对差异的防御，作为对一切(可能的)怀疑的反击。众所周知，这种"微小差异的自恋"本质上是一种群体现象。它完全有可能导致一场真正的自恋斗争。而在当今社会,这种自恋斗争无处不在。

　　这种自恋的支撑使自恋得到双重的释放——通过在群体中的"积极"满足，以及通过在竞争中的"消极"满足。这适用于所有群体和共同体：无论是超我还是自我理想占据主导地位。然而，如今占据主导地位的共同体的特殊之处在于，它意味着一种以情感为主的社会化——与超我形象不同，作为自我理想的明星既不代表法则，也不代表道德或命令，他只代表完美（无论何种类型），只代表自我关联性（无论何种形式）。正是这促成了一种纯粹的情感社会化——无论以"积极"还是"消极"的形式。*

---

*　这里的积极和消极并不意味着社会化的正确和错误，而只是指情感的类型。——原注

我们在本章开头提出了一个问题——自恋与社会如何结合在一起，我们现在甚至已经达到了自恋的双重社会化。我们必须看到，作为占据主导地位的意识形态，自恋不仅创造了团结和共识，而且确实助长了消极的社会化。因此，这种"自恋满足"造成的纠缠也是双重的：既是积极的，也是消极的。这种情况加深了与现状的"热情依恋"。

第六章

自恋的"道德"

自恋的伦理

我们最近一次遇到"超我"是在上一章。在那里，我们看到了它的统治意味着什么：一种法则的统治，一种强加的禁止和命令。在这种统治中，超我同时充当审查者、严格的法官和准确的观察者，它感知、陪伴并评价我们的所有行为甚至所有意图。正如弗洛伊德明确指出的那样，这既适用于个体，又适用于整个群体：共同体、社会、文化时期也会构成一个超我，其功能是严格地要求和规定。在这种情况下，超我被称作"道德"。

但正如我们所知，这种统治地位已经衰落。超我的削弱会导致什么结果——这对个体和社会意味着什么？我们是否摆脱了一个严格的主人——可以无拘无束、自由自在地享受？我们的生活是这样的吗？

实际上，这种超我制度已经被另一种我们如今服从的权威所取代。在我们讨论的过程中，我们已经多次遇到它——自我理想的统治。这是一种非常特殊的统治。超我制度与自我理想制度之间的区别可以定义为道德与伦理之间的区别。

米歇尔·福柯已经准确定义了这种差异的意义。[1] 我们在这里沿用他的表述。

福柯认为，道德是一个社会（或一个群体）的一系列具有法则性质的规则和价值观。这种"道德法则"规定了行为的框架：它规定了什么是允许的，什么是禁止的。对这些规定的遵守受到严密监控，违反规定会受到惩罚。因此，道德总是与权威联系在一起，这个权威迫使人们学习并遵守法则。在这个意义上，道德相当于我们所说的社会超我。

对本书来说至关重要的是，福柯如何将他的伦理概念与之相对应。伦理意味着创造伦理主体，后者在行动中遵守伦理准则。也就是说，准则和主体都是伦理的。

准则不是法则，而是规则。法则与规则之间的对立对我们来说至关重要。这种对立意味着不同类型的义务和遵守。它准确地指出了超我统治与自我理想制度之间的本质区别。与要求服从的法则不同，规则指导具体的生活方式。规则的目标是"自我实现"的伦理主体。为了达到这个目标，个体需要对自己产生影响。[2]目标就是追求理想，这是显而易见的。但如何对自己产生影响呢？

通过那些在福柯之后常被称作"自我技术"或自我关怀的东西。我们在第三章遇到过它们。这些技术是以自我为导向的实践，是自我关联的技术；既包括关心自己、照顾自己，又包括一切改变、处理和转化自己的程序。

我们在这里找回了自己——在自我关怀的推动下，将伦理概念作为生活方式的规则。我们拥有各种形式的生活方式和规则——从饮食到健康再到审美。我们如今沉迷于正确的生活方式,沉迷于自我关怀。这种沉迷在社会所有阶级中都能找到,但问题是:我如何实现我的理想?通过哪种生活方式?哪些自我技术、自恋技术可以促进这一点?

我们在这种伦理概念中找回了自己,因为我们生活的社会不仅允许自我关怀,而且要求自我关怀。这种自我关怀不仅没有受到限制,反而还被要求这样做。

再次强调:有别于超我的道德统治,我们如今面对的是自我理想的伦理制度。尽管后者对自我关怀的无限要求在我们看来可能是理所当然的。但事实并非如此。因为我们不仅陷入了自我关怀的纠缠——我们同时也是"基督教道德传统的继承者"。正如福柯所写的那样,这一传统将无私视为救赎的先决条件。[3]因此,人们长期怀疑,任何自我关怀都是可疑的,任何形式的自爱都是不道德的。

自我关怀与无私之间的对立具有悠久的历史。现在,我们将目光转向这个问题。不过,我们并不打算按照时间顺序梳理,而是更多地比较两位作者:米歇尔·福柯和德国社会学家马克斯·韦伯[*],他们勾勒出了这种对立的两种基本形式,也就是处理

---

[*] 马克斯·韦伯(Max Weber,1864—1920),德国社会学家,社会学奠基人之一,开创了理解社会学的基本研究方法,系统阐释了东西方宗教伦理差异对现代资本主义发展的影响,著有《经济与社会》《学术与政治》《新教伦理与资本主义精神》等。——译者注

自我技术的两种基本方式。

对二人来说，基督教修道院都构成了反面衬托。

一方面，修道院完全献身于自我修炼——修士们会采用复杂的方法。另一方面，这些方法根本没有自我关怀的特征。相反，它们以放弃自我为标志。修道院的沉思、服从和自我审视都是为了放弃自我而服务的。日常生活中每一项严格的规定，每一次对自我的关注（从睡眠节律到对罪恶的不断探究），所有这些努力都只是为了放弃自我这一个目标。

在修道院的墙外，脱离了复杂的修道院自我技术，只剩下了一种以无私为核心要求的世俗道德。

正是新教动摇了这种世俗的自我关系，正是新教从根本上改变了这种无私的方式。因此，我们现在将目光转向马克斯·韦伯，他在著名的"新教伦理"研究⁴中论述了这种变化。

韦伯认为，资本主义在早期阶段就受到他所说的"新教伦理"的巨大推动，这种伦理培养了资本主义所需要的经济主体。换句话说，它创造了资本主义所需要的资格，进而抵抗前资本主义传统的世界和经济形式。

根据韦伯的观点，"新教伦理"首先意味着有意识地规定整个生活方式，这种讨厌、严肃的规定无处不在。例如，韦伯描述了传统主义的女工形象，她们不愿也无法放弃曾经学会的工作方式。与之形成鲜明对比的，是"虔敬主义出身"的姑娘，她们全神贯注、精打细算、清醒自制、冷静谦虚——所有这些品质都"极大地提高了效率"。达到这些的手段是，持续的自我控制，关于罪恶的宗教日记，对个人进步的记录，对时间的严格控制（甚至就寝时间也被限制了）。

在这里，我们面对的是生活方式的"合理化"。这涉及两个方面：首先，它反对情感、激情、冲动，反对"自然人"。其次，它不是孤立的，而是对整个生活的系统塑造——通过持续的自我控制有条理地把握整个人。整个生活方式被规范化和系统化——反对任何缺乏计划和不成体系的行为。*

在韦伯看来，关键在于所有这些将生活方式合理化的技术，所有这些严格的、规范的、自律的自我关联，并不是外部的强制调节。新教伦理意味着，对生活方式的内化而非外部的调节。这样一来，强制变成了一种主观的驱动力。我们会说，一种自愿服从。

但这种自我调节是如何形成的呢？为什么新教徒会自愿遵守严格的规则呢？韦伯认为，一个核心概念，也就是新教的中心法则，发挥着决定性的作用——职业。在新教中，职业被理解为一种使命，即韦伯所说的"天职"或"感召"，也就是我们所说的呼唤。对新教徒来说，职业是上帝的命令——去履行特定的职责，它是"上帝赋予任务的宗教观念"。这样一来，世俗职业获得了宗教和道德的维度。

---

* 韦伯认为，在修道院中，既有精湛的自我折磨，又有理性的生活方式。但与修道院中"世外的"禁欲主义不同，新教意味着走出修道院的围墙，进入"世俗的禁欲主义"——渗透到日常生活中。从宗教的角度来看，这相当于日常生活的提升——整个世俗的日常工作现在都具有了宗教意义。——原注

职业由此被理解为一种义务——一种让人感觉必须履行的义务。这就是职业奉献精神（如今仍然被称作"新教工作伦理"）的来源——对上帝的服从。

所有自我技术都归属于这种义务。正是对上帝的义务将所有生活实践捆绑在一起，使其成为一种"伦理"。尽管在非宗教人士听来可能有些矛盾，但正是这种对上帝的服从规定了这些理性的自我技术——既是自我提升的手段，又是个体服从的媒介。由此产生的自我授权同时受到促进和限制。这就是新教的教训——一种微妙的平衡。

米歇尔·福柯勾勒出了另一个相反的自我关怀模型。20世纪80年代，福柯回顾了一种完全不同的自我关系——古希腊的"自我技术"。新教的实践与古代的自我技术既有相似之处，又有一定差异，让我们先看看令人惊讶的相似之处。

根据福柯的观点，在与众不同的古代世界中，也涉及自我观察、自我控制和自我克制。在那里，它们也是通过规定整个生活方式来实现的。在那里，也存在记录个人生活的技术，也就是书信、日记和晚间自我审视。重要的是各种形式的练习，包括身体锻炼以及抵抗不良习惯的练习。同时存在的，还有各种量化指标（例如严格的时间管理），以及所有其他类型的标准、调节和程度。

除此之外，即使在福柯所描述的古代，这些技术也不仅仅是外在的形式，它们还针对内在——它们不仅是技能，还涉及

"态度"。

（古代自我技术）与新教实践的相似之处到此为止，然而，两者之间的差异对我们来说（对我们如今处理自我技术的方式来说）同样具有启示意义。

其中之一是对实践的不同评价。例如在时间的调节方面，对新教伦理来说，关键在于避免浪费时间。因此（正如我们所见），甚至就寝时间也受到规定。而就古代而言，福柯勾勒出了一种相反的态度——更多地关注"主动的闲暇时间"。例如归隐田园，进而获得自我探索和沉思的时间。在这两种情况下，时间的处理可能都受到规定：在第一种情况下，受到工作伦理的支配；而在另一种情况下，则受到沉思的制约。

在韦伯那里，对个人生活的记录具有控制个人罪恶的功能：每日忏悔以保持谦卑，持续监控个人接受的恩典。宗教日记是对罪恶的记录，是在恩典中进步。福柯则谈到古代看待个人生活的"管理视角"。这种视角不应该被理解为惩罚性的法官，而应该被理解为自己的记录员。它并不是要揭露罪恶的秘密，而是要记住应该做什么——可以说是待办事项清单。

对激情和欲望的克制也采用了类似的技术，但却追求相反的目标。

新教避免一切享受。韦伯认为，其核心在于，在严格避免消费的同时允许获取金钱。获取金钱而不享受——这是对激情的升华、改造和转化。就这方面来说，这是一种消极的禁欲，一种在放弃的强制下进行的禁欲。

在福柯的古代，对激情的调节虽然也涉及自我控制和自我克制的技术，但其目标是改造自己，加工自己。因此，个人的身体得到了更多的关注——通过健康规则、个人卫生、饮食计划和体育运动。这些技术并不是为了放弃自我，而是为了提升自我。就这方面来说，这是一种积极的禁欲，目标是健康和"强化"身体。

这并不是放弃和升华，而是适度的、合规的享受。目标不是消除欲望，而是摆脱激情的暴政，也就是控制它们，这是通往完美、幸福、充实生活的道路。可以说，福柯勾勒出的对理想的追求与超我的调节不同。*

相同或类似的技术可能会产生相反的效果——这取决于它们所处的视野。这为我们展示了一个核心问题：在相似的自我技术中，决定性的差异在于授权与服从之间的关系。正如人们所说，自我技术总是用来增强自己的力量，改进自己，优化自己。但关键在于，这种授权是如何被限制、被控制的。换句话说，它被什么限制，被限制在哪里。因此，这两个因素的平衡至关重要。

这种平衡可以表现出明显的差异，授权和服从的权重不同会造成不同甚至相反的结果。上述两种（由韦伯和福柯勾勒的）概念就清楚地表明了这一点。

---

* 我们在这里可以看到，伦理以不同的方式将各种因素结合在一起——一方面是权威和惩罚，另一方面是自我技术。因此，伦理可能有时强调超我的形式，有时强调理想的形式。——原注

授权与服从的关系在马克斯·韦伯那里是什么样的呢？在他的新教伦理中，生活方式的规则与严格的上帝信仰同时存在。这两个因素之间的平衡由一个核心因素来保证，也就是前面提到的（发生转变的）放弃。在基督教中，放弃是必须的——但不再是对自我的完全放弃（例如修士们的实践），而只是部分放弃——对享受的放弃。

自我应该得到强化和提升。人们努力提高自己，调动自己的力量——但放弃享受并不意味着个体的授权，这就是问题的关键所在。个体的力量可能会增强，但个体并没有得到授权。与之形成鲜明对比的是，新教伦理的平衡允许增强力量，但这与严格禁止享受同时发生。这是一种没有自主性的提升，一种没有独立性的合理化，一种受到限制、控制、克制的个体强化。这是一种在强化个体的同时征服个体的伦理。

这种令人惊讶的伦理具有强烈的超我特征。这种伦理涉及一个权威（使命）的呼唤，这个权威规定的法则就是这种伦理的基础，而这种伦理的本质目标是上帝的爱。我们已经看到，超我的统治与道德相一致。有鉴于此，我们不禁要问：为什么马克斯·韦伯谈论的是新教伦理而不是新教道德呢？

一方面，因为这种权威是内化的。另一方面，因为这不是普遍的规定，而是对生活方式的具体调节，是个体的自我提升和强化。因此，人们可以将其称为"超我伦理"。综上所述，这是一个明显的矛盾。

福柯的观点则与之截然相反。尽管福柯的古代主体也需要一个外在的权威，但不是一个立法的权威，而是一个提供实际指导的老师：一个将人引向幸福生活的人，一个将人引向理想的人。服从只是方法的一部分，是手段——但不是目标。在这个意义上，规定是需要遵守的规则，但不是需要服从的法则。

至关重要的是，所有这些生活方式的实践和技术都以理想为基础，以理想为目标，以理想为导向。这不是一个禁止的道德体系，而是一种"伦理关怀"，后者以准确的观念为指导：什么是好父亲，什么是好户主，什么是好公民（这些都只适用于男性）——从社会理想的观念出发。正因如此，自我关怀不是自私的，而是伦理的——因为它总是以在城邦中占有一席之地为目的。它的目标是被认可为共同体的平等公民，而这个共同体正是一个伦理共同体。福柯认为，关注自我就意味着关注城邦。因此，自我关怀在伦理共同体中意味着：不是奴隶——既不是激情的奴隶，也不是城邦的奴隶。在这个意义上，这种自我关怀对福柯来说是一种"自由的实践"。

在福柯的古代，我们强调通过自我技术来实现授权——尽管这并不是纯粹的自我提升，它始终受制于社会融入。但显而易见的是，这里存在着理想元素的过剩。与韦伯的情况相反，人们可以谈论"自我理想的伦理"，如果这不是一种冗言赘语的话。对我们来说，伦理就是以理想为导向的。

即使韦伯和福柯之间存在再多差异，但在一点上他们是一致的：自我关怀是授权与服从之间的平衡，是力量的增强与力量的限制之间的平衡。然而，他们各自的限制完全不同。在韦伯那里，这种限制更多的是消极的——通过放弃享受来为上帝服务。而在福柯的古代，力量的整合更多的具有积极的性质——通过预先规定的理想。但对我们来说至关重要的是，这两者都不符合我们如今的情况。如今的情况是什么样的呢？自我关怀不再是被禁止的，而是被要求的。我们不仅没有成功摆脱对自我技术的怀疑，反而生活在对它的痴迷中。不过，如果被允许的自我关怀不受城邦和虔敬的限制，那么这意味着什么呢？

当然，福柯的回顾并非偶然。20世纪80年代中期，他已经看到变化即将来临，也就是我们所说的自恋。在那一刻，他为自我关怀开辟了一条积极的道路：作为一种社会伦理的自我关怀。然而，福柯的快乐的古代并不符合我们如今的情况。

大约30年后，德国哲学家彼得·斯劳特戴克*试图重新衡量当代的自我关系。他的观点可以概括为："你应该改变你的生活。"[5]这既是一种分析，也是一种呼吁。这种观点最终会被证明：它不是本书的观点。

斯劳特戴克将自我关怀的历史勾勒为一条从消极禁欲到积极禁欲的道路：从服从的道德到授权的伦理。在他看来，否定生活的消极禁欲是基督教的"去自我化的驯服"和"忏悔式的

---

* 彼得·斯劳特戴克（Peter Sloterdijk, 1947— ），德国哲学家、文化理论家，卡尔斯鲁厄设计高等学校教授，当今欧洲哲学领域多产又颇富争议的思想家之一，主要著作有《犬儒理性批判》《哲学气质》《球体》（三部曲）等。——译者注

禁欲"。只有脱离这一语境，禁欲才在现代化进程中成为自我强化和自我提升的积极禁欲。

对斯劳特戴克来说，这条道路上的关键转折是自我关系的"去精神化"，也就是自我技术的世俗化。只有在修道院的墙外，自我关系才能逐渐获得一种积极的内涵，一种重新编码。（以及一种扩展：不再是艺术家和专家的专利，而是逐渐涵盖整个社会。）斯劳特戴克现在尝试将这种世俗化的自我关联转化为相应的世俗语言。

在他看来，自我关怀是一种练习系统：个体通过不断练习来塑造、形成和改变自己。这种练习遵循一种"指导差异"——一种规定方向的区分。这对禁欲文化来说就是完美与不完美的区别。完美是练习的目标，它发挥"吸引子"（Attraktor）*的作用，也就是吸引和呼唤。

在韦伯的新教徒那里，这种呼唤是上帝的呼唤，是一种使命。但在斯劳特戴克这里，这种呼唤被转化为一种清醒的"吸引子"，产生了一种吸引力。实际上，即使在斯劳特戴克的观点中，吸引力也不仅仅因一种抽象的、清醒的、象征性的差异而产生，它还需要一个想象的观念，一个榜样，一个"遥远的完美"的形象——这就是呼唤我们、驱动我们的东西。到哪里？向上——这就是呼唤我们的方向。吸引力指向上方，指向

---

* 系统科学论中的一个概念。一个系统有朝某个稳态发展的趋势，这个稳态就叫吸引子。——译者注

高处。因此，斯劳特戴克在他的作品中将其称为"垂直应力"（Vertikalspannung）。完美，遥远的理想，呼唤我们"改变我们的生活"——通过练习来提升自己，锻炼自己，强化自己。

本书想要坚持的，也就是将本书的观点与斯劳特戴克联系在一起的（尽管存在分歧），是一种呼唤。它不是来自权威，而是来自理想。

在斯劳特戴克那里，作为一种练习、一种提升、一种强化——简而言之，作为一种训练，自我关怀涉及多个因素。

一方面，它涉及一种"去钝化"：自我变得积极，自我塑造。因此，它涉及自我驱动。

另一方面，世俗化的呼唤旨在提高自己的强度，提高自己的"活力"。没有任何额外的东西来掩盖自我关怀。斯劳特戴克认为，自 19 世纪末以来，存在着一种纯粹的、不加掩饰的自我关怀，一种"没有上帝的垂直"。这就是被允许的、积极的、赤裸裸的自我关联。对斯劳特戴克来说，范式就是体育运动。体育运动就是"自我关联的运动，无用的游戏，多余的消耗，模拟的战斗"。*

这里不仅明显地展示了吸引子，而且展示了斯劳特戴克所关注的：在"生存竞争加剧的精神"中的自我提升。这是一种

---

* 斯劳特戴克提前但并不令人信服地反驳了可能出现的异议，即体育在大规模扩张和职业化之后已不再是这样，他引入了"业余爱好者"的精神来抵抗专业人士的"结果崇拜"。（参见：Peter Sloterdijk: Du musst Dein Leben ändern. Über Anthropotechnik, Frankfurt/M. 2019, S. 332.）——原注

自我关联的练习——既不为任何人也不为任何事服务，力量的增强就是纯粹的目标。然而，在斯劳特戴克看来，这种增强不仅是更紧张的生活，还是"迈向自由的步伐"——走向自由，走向卓越的提升。[*]

而这正是我们的分歧所在。

对斯劳特戴克来说，自我提升是一种自由实践——使个体"迈向自由的步伐"成为可能，使个体超越现状。他认为，为了实现强化自我的自由，必要的纪律和必要的规定是手段。正如他坦率承认的那样，他提供的是一种对福柯的选择性阅读。这种阅读试图将福柯从"媚俗"中解放出来，即"感觉到"每项纪律都是服从。然而，这样一种梦想着授权而不服从的选择性阅读，忽略了福柯的核心。因为对福柯来说，不存在一边授权、一边服从的情况。如果可以从福柯那里学到什么的话，那就是：服从和授权是同时发生的。它们不能相互分离，因为它们不是发生在真空中，而是发生在社会关系和权力关系中。在这些关系中，力量的增强恰恰意味着服从的加深。

与斯劳特戴克不同，吸引力（理想的观念呼唤并驱动着我们）从两个方面产生效果：牵引我们并强迫我们，引导我们并塑造我们。在这个意义上，追随呼唤意味着授权与服从的统一。在这个意义上，授权恰恰意味着自愿服从。

---

[*] 他毫不掩饰地厌恶买来的提升形式（从整形外科到各种兴奋剂），将其称为"半价的转变"——一种廉价的转向，与诚实地获得的自我增强形成鲜明对比。——原注

人们可能会提出异议：斯劳特戴克想让我们接受的强化自我，实际上不就是一种自我授权吗？我们是否享受经过增强和改进的自我？这难道不是一种作为纯粹自我授权的自我关怀吗？必须指出的是，这样一种体验总是既真实又想象的。斯劳特戴克并没有对此做出区分。

在现实中，人们可以通过练习来提升自我——提高自己的成绩和表现。但强化自我的体验始终是幻想的：它仍然是一种想象中的充实的体验，一种幻想中的自我与理想的一致。简而言之，这是将高原与顶峰混为一谈，将提升与理想混为一谈。

除此之外，这并不是一种纯粹内在的体验——同时具有自我关联性和自我满足性。这也不是一种私人的、活力论的唯灵主义 *。因为即使在斯劳特戴克那里，自我提升也具有社会维度——尽管是另一种类型。作为"迈向自由的步伐"，自我提升对他来说是超越常态、超越平均、超越人群的一步——以卓越的方式进入杰出个体之列。在这里，尘封已久、早已过时的卓越创造者的神话重新焕发生机。斯劳特戴克认为，这个形象恰恰意味着自我技术的普遍化所带来的差异——"有所作为的人"与"无所作为的人"之间的差异。在他看来，人类不平等的原

---

* 作者在这里使用了一个由 Vitalität（活力论）和 Spiritualismus（唯灵主义）组成的合成词 Vitalitätsspiritualismus（活力论的唯灵主义），进而强调自我提升并非纯粹内在的体验。活力论，又称生命力论，是一种关于生命本质的唯心主义学说，主张某种内在的非物质因素（活力或生命力）支配着生物体的活动。唯灵主义，是一套以唯灵论为基础的思想体系，主张某种独立于物质的非物质因素（灵魂或精神）是世界的本原。——译者注

因在于他们的禁欲，也就是他们的练习行为。

理想的呼唤，理想引发的吸引力，"垂直应力"，提升——对斯劳特戴克来说，所有这些都只是为了让追随呼唤的个体脱颖而出。脱离平均，脱离普通。所有这些都是为了克服现状、超越现状。因为这就是垂直性要达到的高度——超越人群。然而，这种姿态、这种清醒的激情在以增长为规范的社会中显得格格不入。在自我理想的社会中，不要求适应和融入平均水平，而是将增长作为规范。在这样一个社会中，个体的提升不是斯劳特戴克的"超越"，不是他所说的对现状的"迁移"。恰恰相反，自我提升是在社会中实现我们的存在。自我提升不再是对现状的抗议，而是为了维护现状，也就是常态。

自我关怀是我们如今在社会中生活的形式。正因如此，练习自我关怀既不是纯粹自我关联的授权，也不是纯粹的高于他人，而是我们融入现状的方式。另一种说法是——自愿服从。

让我们总结一下目前收集到的内容：自我关怀的社会释放，以及被允许的自我关怀，都是追求自恋与限制自恋之间的微妙平衡。这种平衡随着时间的推移而呈现出不同的形式。如今，对自恋的顽固怀疑已经消解。我们摆脱了道德的遗产，摆脱了对自恋的道德评价。因此，我们发现自己再次处于自我关怀的全方位动员中。这是已经持续几十年的自恋实践的一次爆发——没有信仰和上帝，也没有城邦和伦理共同体。然而，我们并不认为这是"迈向自由的步伐"或纯粹的授权。为什么呢？

　　如果人们将被允许的自我关怀视为超我的替代，也就是自我理想的统治，那么它的特殊之处就会变得显而易见——无论在个体层面还是社会层面。换句话说，如今的自我技术不是在道德的语境中，而是遵循一种伦理。不过，是在有别于斯劳特戴克的另一种意义上。

　　因为超我的侵蚀、道德法则及其基本禁令的侵蚀、惩罚性良心权威的侵蚀，不仅简单地意味着"迈向自由的步伐"，更意味着自我理想的主导地位。这是一种不同的统治形式，无论在个体层面还是社会层面。自我理想的统治同样严格，但方式不同——它不是通过道德合法性来统治。行为更多地受到规则的引导，这是道德与伦理之间的关键对立。本章始于法则与规则的对立。在这里，我们应该进一步做出权威性的规定。为此，我们将借鉴斯拉沃热·齐泽克的观点，他可能最精确地处理了这个问题。

　　如今，引导我们行为的不是不容置疑的权威所保证的普遍道德法则，而是规则。

　　规则是（自我）创造的规定。齐泽克认为，它们的运作"没有超验法则的支持"。[6]这意味着：我们如今的行为既没有保证，也没有权威——既没有预先规定的标记和方向作为保证，也没有古老的惩罚性权威。

　　规则具有不同于道德法则的约束力和义务。但问题是：人们为什么要遵守这些规定？人们为什么要遵守（自我）创造的规则？对此，齐泽克再次给出关键提示。他在脚注中写道："变

态 *者……制定规则（并遵守它们），是为了掩盖其精神世界中没有基本法则这一事实，也就是说，这些规则发挥着一种替代法则的作用。"[7]

这正是本书的基本观点所在：伦理规则，被创造的对生活方式的调节，它们"仿佛"是法则。它们通过像法则一样运作来替代缺失的道德法则。然而，如果自我理想的伦理，如果对我们生活方式的调节发挥着"替代法则"的作用，那么这意味着，这种伦理作为自恋的道德而存在——这种矛盾必须用引号标记出来。我们的规则、我们的"仿佛"法则使自恋的伦理变成一种"仿佛"道德——一种"道德"。没有普遍的法则，没有普遍的道德——只有适用于个体的伪装的规则。在这个意义上，我们如今生活在一种自恋的"道德"中。

自恋的"道德"

基本道德法则的消失带来的不是自由，而是另一种统治。为了理解这一点，我们必须重新考虑旧道德是如何运作的。必须强调的是，道德法则不仅是外部强加然后被我们内化的，它还需要并创造了朱迪斯·巴特勒所说的"热情依恋"：一种与法则的激情联系，一种对禁令的爱欲占领。这种对个人欲望的定

---

* 需要注意的是，这里的"变态"指的不是一种病态，而是一种（当今社会普遍存在的）世界关系。——原注

位在神经症症状中表现得尤其明显，例如强迫性洗涤。在这里，道德禁令（隐喻性的"污染"行为）变成了实际上对清洁的强迫。在强迫性洗涤中，我遵守了禁令——放弃了欲望。但与此同时，我也绕开了禁令——通过迁移、替代来满足欲望。在强迫性洗涤中，欲望在一定程度上通过禁令得到了满足。因此，道德禁令通过爱欲行为得到维护。[8]这正是与法则的"热情依恋"的原因。

当规则作为"法则"存在时，我们应该如何想象这种联系呢？换句话说，在这种规则下，激情的连接（自愿服从）是什么样的呢？

这是一种完全不同的情况。因为规则不是以禁止为标志，而是以允许为标志，甚至以要求实现为标志——实现理想。但与此同时，这个理想是无法实现的。因此，理想既是一种迫切的要求，又是一种持续的不可兑现。而这正是规则在我们日常生活方式中具有的特殊功能：这些（主动）施加或（被动）接受的规则，在任何情况下都不是普遍规定的。它们是我的规则，也只作为这样的规则发挥作用。这些规则不仅是达到目标的手段，它们还承载着一种承诺——承诺通往理想的道路，承诺实现理想的道路。这样一来，理想的不可能实现转变为规则的可能实现。这样一来，规则转化了无法实现的理想，成为理想的手段。换句话说，遵守规则成为理想的替代品。我们的日常生活中充满了规则，越来越多的规则。因为这些规则给我们带来了一种迁移的满足——一种以理想为标志的满足，而不是以禁止为标志的满足。

　　我们从这些规则中获得的满足具有令人惊讶的一面，这些生活规则往往与练习、重复、训练和饮食联系在一起。在这里，我们频繁遇到的自恋的痛苦有了特殊的意义，因为练习总是意味着自我折磨。这种自我折磨在这里变得富有成效：我们赋予了痛苦以意义。这种意义不仅是真实的改进和提高，而且是一种认证。练习的痛苦，我的规则的痛苦，都证明了对理想的接近。

　　在这里，我们遇到了一个值得注意的情况：折磨我们的规则，同时也是保证我们迁移满足——达到理想的规则。我们的热情依恋，我们的爱欲占领，甚至我们对各种规则、指导和计划的痴迷，都源于此。我们沉迷于规范化、量化、可测性和指南，因为它们对我们来说是（接近）理想的手段。

　　齐泽克写道：在强迫性神经症中，"对欲望的'压制性'调节逆转为对调节的欲望"。[9]如今，我们必须重新表述：离开禁令——走向理想。如今，我们拥有的不是压制性的禁令，而是要求性的理想。如果说规则在一定程度上转化了无法实现的理想，那么这并不是一种逆转。相反，这是将对理想的渴望等同于对规则的渴望。遵守规则并没有绕开禁令——遵守规则更多的是满足了无法实现的理想。

　　需要说明的是，近年来，气候活动人士一直提出放弃的要求。放弃汽车，放弃飞行，放弃过度消费。如今，这一古老的主题被重新解释。呼吁无规则状态的结束，赞颂新的责任意识的回归。然而，这种观点忽略了当前形势。首先，不存在所谓的无规则状态——相反，我们沉迷于各种规则。其次，这里应该提出或者应该要求的实际上不是责任，因为责任是一种与法则的关系。当涉及"飞行羞耻"或"强制接种"之类的事情时，我们面对的不是新的或被唤醒的责任意识，而是规则。这是一种不同类型的放弃。自我施加的新的限制（从节约能源到骑自行车）并不是像韦伯那样禁止享受的放弃。不是作为限制的放弃，而是作为收益的放弃。它被视为一种收益：获得另一种生活质量，获得社会声望，获得好良心。不是放弃性的放弃，而是满足性、减负性的放弃，它只是稍微改变了追求理想的道路。在这个意义上，这并没有开启超越自恋的新范式。

　　让我们回到规则。实际上，生活方式的规则通常具有合理化的效果——它们可以带来真实的改进，例如健康、审美、能力、成绩的提高。但对我们来说，关键在于，我们遵守这些规则、这些"仿佛"法则，因为它们要求我们付出努力，并为此提供回报——承诺以充实和满足为交换来抵抗痛苦。因此，它们为想象中的充实指出了一条真实的道路，提供了一种具体的因果关系：如果你练习、重复、调节、重视、禁欲——简而言之，如果你遵守规则，那么你就会实现所追求的理想，那么你就会达到所追求的充实。

　　在这里，我们必须确定超我调节与自我理想调节之间的差异，以及以禁止为标志的调节与理想为标志的调节之间的差异。因为禁令导致了齐泽克所说的"象征性阉割"。服从于禁令，接受不应该做任何事、不可以做任何事——服从于各自的超我权威，无论是上帝还是父亲。这意味着，将自己的身份置于其标志之下；这意味着，将自己的身份从根本上理解为有限的、非全能的，也就是非自恋的，并且这样生活。

禁令给主体提供的是缺乏，是根本性的限制。理想的统治则恰恰相反——不是缺乏，而是充实。规则不是像禁令那样制造缺乏，而是应该克服缺乏——不符合理想的缺乏。因为以理想为标志的生活方式的调节，练习、训练、生活方式的规则——它们都承诺了一种充实。更重要的是，它们保证了这一点。因此，规则是我们自恋的保证。但与此同时，这种充实是一种幻想，也就是一种虚假的观念，一种幻觉。因为真正的充实，也就是理想，是无法实现的。即使阶段性的胜利，也就是选择性的提升，也只是部分满足，也就是无法实现。对我们来说，这种矛盾至关重要。

如果我们对生活方式的调节实际上是通往完全实现的理想自我的道路，如果它们是自恋实现的方式，那么它们就是斯劳特戴克所梦想的那种授权。但实际上，我们拥有一个无法实现的理想，一个在遵守规则时获得选择性替代满足的幻想。因此，我们在授权与限制之间找到了一种新的平衡——理想的统治。在这种统治中，遵守规则既是满足，同时也是服从。

正如我们所见，这种理想的统治意味着：规则替代法则（规则仿佛就是法则），充实替代缺乏。然而，这导致了这种"道德"的核心范畴发生重大变化。

超我道德，也就是没有引号的道德，是一种法则的统治，标记着禁令和义务。它的核心范畴是罪恶。一个人不履行义务，就是有罪的；一个人违反禁令，就是有罪的。罪恶意识持续陪伴着受超我支配的主体。根据弗洛伊德的观点，这种罪恶意识评价、谴责和惩罚的不仅是我们的行为，甚至是我们的意图和欲望。超我道德是善与恶之间严格、固定、受到严密监控的界限。

当然，这种道德仍然存在，但如今的主导模型已经不同。

自恋的"道德"提出的不是禁令，而是理想的命令和要求。正如我们所见，它们并不是法则，而是规则。即使这些规则作为替代法则发挥作用，它们也不通过罪恶来发挥作用。自我理想通过另一种威胁来确保其统治：被惩罚的不是违反，而是失败。这里涉及的不是罪恶，而是自卑感。自恋的"道德"的达摩克利斯之剑不是罪恶意识，而是羞耻——没有实现理想的羞耻。这把剑对我们的打击是整体性的。因为羞耻不仅限于个别行为，它适用于整个人。

在第五章，我们遇到了自拍狂热所基于的无耻，这种对羞耻的缺乏与自我展示——自我表现有关。这种行为如今已不再受到谴责。然而，羞耻会在我们未能实现理想时产生。对失败的羞耻，如今持续地陪伴着我们。

缺乏不再意味着不可以做任何事，不应该做任何事，禁止做任何事。缺乏如今意味着没有达到充实，没有实现理想。这是一种完全不同的缺乏。然而，理想永远无法真正实现，永远无法完全实现。理想的无法实现性使失败不可避免，可以说，这种失败是结构性的。它伴随着我们的每一次进步，伴随着我们力量的每一次增强。它是我们的阴影，不断侵蚀我们的授权——无论我们多么努力。它具有无法克服的限制，在这种情况下，自卑成为核心——我们将其体验为羞耻或伤害。

因此，自恋的"道德"不是区分善与恶的道德，而是区分好与坏的道德。

那么，这个指导我们行为且不以禁令为导向的好与坏的区分究竟是什么呢？*

要想回答这个问题，我们必须回到斯宾诺莎那里。

根据斯宾诺莎的观点，区分好与坏的出发点是一种颠倒：在这种颠倒中，人们说服自己，相信自己是世界的中心。当人们将一切都与自我联系起来时，人们就形成了好与坏的概念。因为这样一来，自我就成为衡量的标准。"好"就是对人们有用的东西，对人们有价值的东西，让人们感觉愉快的东西；"坏"则是所有不满足这些条件的东西。

因此，事物的好与坏只和我有关，只对我有效。在这里，我们的欲望发挥了作用。斯宾诺莎认为，每个人都渴望他认为

---

* 显然，我们在这里并没有遵循尼采的思路。因为正是尼采明确区分了善与恶。他的"超越善恶"也已经家喻户晓。但一方面，他将善恶之分定义为强弱之别；另一方面，他所理解的"善"是一个需要追求的目标。——原注

是好的东西，就像每个人都厌恶他认为是坏的东西一样。这正是斯宾诺莎的关键转折所在。由此可见，我们并不因我们认为某物是好的（例如在道德意义上）而渴望它。情况恰恰相反，我们将"我们所渴望的"描述为"好的"，[10] 将我们所厌恶的描述为坏的。好与坏和我们的愿望、我们的欲望相对应，就像有用与有害或者愉快与不愉快一样。好与坏是一种主观判断，基于我们的倾向，基于我们的本性——我们如今会说，基于我们的身份。好是指符合我们本性的事物，坏是指违背或伤害我们本性的事物。斯宾诺莎对此有非常明确的表述："贪婪的人认为钱多是最好的，缺钱是最坏的。有野心的人渴望的东西莫过于声誉，害怕的东西莫过于耻辱。嫉妒的人最喜欢别人的不幸，最讨厌别人的幸福。每个人都根据自己的情感来判断一件事是好还是坏，是有用还是无用。"[11]

必须指出的是，对斯宾诺莎来说，这些好与坏的观念不是知识，而是他所说的"不适当"、不恰当的观念。我们可以说，它们对应着一种意识形态上的世界关系。如今，它们已经成为占据主导地位的伦理，成为自恋的"道德"。

由此可以判断出，这种自恋伦理意味着一种根本性的颠倒：好，伦理上的好，并不是人们所理解的道德上的好。好被定义为对我好的东西——促进我的本性、我的身份的东西。这规定了我们如今的整个生活方式。

以如今备受关注的食品为例。在这里，好与坏的区分具有多种表现形式：作为口感的标准，好与坏是精致程度的问题；

作为政治正确的标准——涉及公平贸易；作为气候中性*的问题——也就是偏爱本地产品；作为宗教问题——根据宗教规则区分洁净与不洁或斋戒时间；或者作为健康问题，或者作为饮食问题。

在这里，我们感兴趣的不是好与坏的具体表现形式；我们感兴趣的是，在任何情况下，这种区分都与个体的本性、身份有关。如果我以生态为导向，那么我的饮食规则就是生态的。生态的东西在伦理上就是好的。这就说得通了。因为这得益于旧道德对好的规定。但这只是残余。因为这也适用于那些沉溺于纯粹享受的人：在这种情况下，促进这种享受的东西在伦理上就是好的（在自恋的意义上）。好并不是普遍意义上的好——因为伦理上好的东西也可以是牛排爱好者的牛颈肉。所谓的"伦理消费"及其对立面都可以是"好的"。

在如今的语境中，"好"并不是人们采用的外部标准，我反而成为我自己的标准。

因此，在自恋的时代，伦理上的"好"已经成为一种被允许的自我肯定。不过，如果"好"符合我的本性，如果"好"促进我的身份认同，那么我们总是在好与坏中探讨我是什么：人们不仅吃肉，人们还是吃肉的人。人们不仅骑自行车，人们还是骑自行车的人。

---

* 环境科学中的一个概念，指组织的活动对气候系统没有产生净影响。与之相关的概念还有"碳中和"等。——译者注

然而，好与坏的区分不仅意味着：什么对我好？还意味着：我是好的还是不好的？这样一来，我总是处于危险之中。

自恋的"道德"不仅是一种被允许的自我肯定，也是一种对始终不稳定的自我身份的必要确认。

因此，将自我作为中心、作为自己世界的尺度、作为好与坏的标准，也就意味着，将一切都当作自我的理由和机会。带着问题面对世界上的一切：这对我意味着什么？我能因此成为什么？这就是当代的指导动机。

我们通过好与坏的标准来探讨我们是谁。或者说，我们想成为谁。这里正是斯宾诺莎的另一个概念发挥作用的地方——不仅涉及一个给定的身份，而且涉及一个被追求、被争取的身份——"模范"（Musterbild）。

在斯宾诺莎看来，模范是普遍的观念。例如，我们有关于房屋、建筑的模范。我们根据这些模范来判断：完成还是未完成，完美还是不完美。这些判断基于事物和其模范的一致程度，或者不一致程度。不过，模范不仅适用于事物，还有人的模范——我们将其称为理想。好的东西帮助我们"越来越接近"这个模范，坏的东西则阻碍我们"符合这个模范"。因此，斯宾诺莎对好与坏的定义不仅涉及想象整个世界都与自己有关的给定的自我，还涉及人们希望越来越接近的模范，也就是理想。好的生活方式强化理想的自我，坏的生活方式则削弱理想的自我。好的自我技术促进理想，坏的自我技术则不然。

如果这是对我们"不适当的观念"、对我们自恋意识形态的一种合适的描述，那么问题就来了：我们的模范是什么？自恋的理想是什么？

　　为了探讨这个问题，我们必须先拐个弯，再次将目光转向斯拉沃热·齐泽克。更准确地说，是他对福柯古代自我关怀概念的批评。齐泽克认为，福柯描绘了一幅古代的图景——"自我关怀"没有参照普遍法则，也没有禁令。对齐泽克来说，这种古代图景是"严格意义上的幻想"：一种自我创造的纪律的神话，没有任何道德秩序。也就是说，没有普遍法则的"支持"。[12]

　　福柯的古代可能具有幻想的特征。然而，福柯非常清楚地勾勒出了一种以理想为指导的自我关怀。这种自我关怀绝不是纯粹个人主义的、纯粹自我关联的个体提升。相反，它以一种理想、一种社会性的关于好的观念为指导。自我技术总是以这种观念为导向：什么是好父亲？什么是好公民？因此，指导问题是：我如何在城邦中适当地占据我的位置？对我们来说，重要的不是作为伦理共同体的城邦形象可能是想象的——重要的是，这里的自我技术总是以社会预先规定的位置为标志，以给定的关于好的观念为标志。也就是说，它们是以理想为标志的伦理。*

　　对我们来说，这尤其重要，因为这不符合我们的情况。这就是问题的关键所在：我们被自我技术包围，但却没有一个具

---

* 我们想强调的是，这里只涉及福柯晚期的自我技术理论而非权力理论。——原注

有约束力的关于好的观念。没有好公民的观念，没有好男人或好女人的观念。没有社会预先规定的位置和功能，同样也没有满足或实现它们的观念。

我们既没有具有普遍约束力的宗教规定（像马克斯·韦伯那样），也没有具有好公民观念的城邦。因此，我们既没有超验的固定的好，也没有纯粹的内在的好。

长期以来，拒绝接受预先规定的社会角色和身份，即拒绝接受规定的位置，被视为英雄主义。在一定程度上，这是一种身份英雄主义。例如，在艺术家的传记中，人们这样美化这种英雄主义——作为例外主体的个人意志。

人们会说，这种拒绝的、自我创造的模型在"后68年"*时代已经普遍化了。但其实，我们如今对好（仍然）没有约束性的观念。我们没有预先规定的社会地位，没有预先规定的社会角色，因此并不需要拒绝式的英雄主义，甚至根本不存在这种英雄主义。（即使在"自我实现"的概念中可能还有余音。）实际上，我们的情况是完全不同的。

我们目前的情况正是因缺乏这些具有约束力的规定而突出。必须强调的是，正是缺乏模范、缺乏预先规定的理想塑造了如今的我们。因为这种缺失已经发生了颠倒。对这种颠倒（也就是我们的情况）最准确的描述出现在一个意想不到的地方——

---

* 1968 年，因经济发展导致的一系列社会问题，法国、意大利、美国、日本等地均爆发了学生罢课、工人罢工的社会运动。——译者注

在黑格尔[*]那里。

黑格尔关注的是浪漫主义。[13]这与我们如今自恋的世界关系有惊人的相似之处。这些相似之处使黑格尔的论述对我们有价值。他对浪漫主义的分析和批评准确地触及了我们如今的情况。他展示了缺乏的、空洞的规定是如何颠倒的：在没有普遍有效的观念的地方，正是这种缺失成为"好"的新内容。换句话说，在普遍有效性缺失的地方，它的对立面取而代之——个体的、具体的。那么，这对我们的情况意味着什么呢？

在没有关于好的普遍观念的情况下，只有我自己的身份决定什么是好、什么是坏。我的行为遵循的不是普遍有效、预先规定的规范，而只是我的主观信念。在这个意义上，没有衡量好的普遍准绳或普遍标准。我做什么、应该做什么、必须做什么，不是基于普遍的法则、普遍的道德、普遍的风俗，而只是基于我的主观信念。我的行为应该只实现我的内在确定性。在这个意义上，正如黑格尔所说，我的自我成为我的行为的内容。

然而，人们必须更仔细地考虑这里的我。因为衡量我的行为的标准不是简单的我，而是将自己理解为个体的我。人们必须在个体的内在一致性中理解这种"作为个体"。我作为"个体"

---

[*] 格奥尔格·威廉·弗里德里希·黑格尔（Georg Wilhelm Friedrich Hegel，1770—1831），德国哲学家，德国唯心主义和德国古典哲学代表人物之一，其思想对后世哲学流派如存在主义、马克思主义具有较大影响，著有《精神现象学》《法哲学原理》《逻辑学》《论自然法》等。——译者注

意味着：我不是作为社会存在，而是在我"直接的"个体性中。尽管这种直接只是表面上的，因为它忽略了所有社会性因素，所以在引号下。然而，这就是我作为个体经历自我和体验自我的形式。这正是我的行为的基准点——我作为具体的个体。

在这里，我们看到了缺乏的、普遍有效的理想转变为其对立面意味着什么：意味着具体的理想、个体的模范取代了它的位置。

我们看到了自恋的世界关系的进一步规定：将一切都与自我联系起来的中心化，人们总是感到自己被在意；超越竞争的内在价值；自我充实的幻想，现在还增加了具体性——作为特殊的个体性、作为特殊的具体性来认识世界，在各种矛盾中绝对地确定自我。绝对地确定"我-这里-现在"是一种幻觉，一种幻想。具体性的幻想。因为自我只有以抽象为代价才是具体的——通过抽象来脱离所有社会关系。

自恋的"道德"的内容正是这个具体的自我。那么，"道德的"行为就意味着，实现我具体的个体性——在我所有的行为中，在我所有的言论中。黑格尔写道，这个自我"在其偶然性中……是完全有效的"。这是一个美妙的表述：当我将一切都与自己联系起来时，当我成为我的世界的中心时，我的具体自我在其所有的偶然性中成为我所体验到的"完全有效"。

那么，个体如何将自己体验为个体呢？我们如何体验自己的具体性呢？感官性是具有特权的途径——我们在感官体验、感觉和个人感受中将自己体验为个体，非常"直接"。

个人的感受在这里至关重要，它们是我们体验自己具体存在的媒介。在主观的感觉中，我是非常具体的：我-这里-现在。独一无二。在"直接"的自我确定性（Selbstgewissheit）中，无论这种确定性多么流于表面。

我们的感觉成为我们的证据——它保证了我们的具体存在和具体性。

这就是为什么情感如今享有如此高的社会价值，尽管它们（这是我们与黑格尔的下一步）从根本上是个体的。

黑格尔认为，感官知识是主观的知识。观点和感受是个体的，是个别的，而不是普遍的，这正是它们如今对我们如此重要的原因。感觉是我的世界的展示，是认识我的世界的途径。它们是我的，是我所有的。还有什么比我的感觉更属于我呢？我的情感由此构成了我的视野，它们划定了我的世界的视野。

这也规定了它们对自恋的"道德"的价值。当人们无法在普遍义务中找到自己时，人们就会提出完全相反的主张。正如黑格尔所说，人们拥有"通过自己知道什么是好"的绝对权利。关键在于，这种知识来自我们的感觉，来自我们的情感。

它们服务于自恋的"道德"，是个体的保证。这就是它们如今的价值所在，但同时也是它们成为问题的原因。

如果一种"道德"（例如自恋的道德）建立在个体性和情感的基础上，那么这意味着，人们将自己的特殊性作为原则。在黑格尔看来，这就是基督教的悠久传统对恶的定义——一种"非常虚伪的自负"。然而，当这种自负被提升为普遍原则时，它就不复存在了。因此，如果个体将自己的特殊性凌驾于所有他人之上，那么这就是恶。不过，如果基于个人感受的主观信念被提升为普遍原则，那么我们就不再拥有自负，而是拥有我们所说的自恋的、深刻反社会的"道德"。

在这样的道德中，我是"完全有效的"。在这样的道德中，我将自己视为一般的、普遍的。这一点应该着重强调。

自恋的"道德"不知道普遍义务，没有普遍标准，同样也没有普遍范畴。更准确地说，它或多或少地拒绝普遍范畴。普遍范畴对它来说是在反对所追求的具体性——普遍范畴与绝对具体性的幻想相矛盾，后者如今成为我们的"准则"。普遍范畴与自恋"道德"的基础相矛盾，这种道德建立在个体、个人感受和自我确定性上。

这种对普遍范畴的拒绝涵盖了非常广泛的范围：从对民族、阶级或政党等概念的拒绝，到对生物学概念的拒绝，例如对性别的定义。

这种对普遍范畴的拒绝（或者至少是对其较低程度的认可）具有多种版本，但主要可以归纳为两种。在这里，我们再次遇到了在第五章已经见过的现象：占据主导地位的意识形态并不意味着所有生活形式的统一化。占据主导地位的意识形态可以通过不同的方式实现。自恋和自恋的"道德"也是如此，其本质上有两种形式、两种版本。

新冠疫情期间，我们遇到的是强健、强烈的版本和脆弱的版本。现在，我们面对的是自称为"自由"和"进步"的两个版本，它们相互对立。然而，我们应该将这种区分明确理解为同一意识形态的两种变体。

在第一种"自由"版本中，对普遍范畴的拒绝成为对世界的无限要求——被理解为实现个人愿望的权利，不受限制的个人利益，绝对的个人自由。这种对"我的世界"的要求源于对"我的绝对具体的个体性"的坚持：这是一种世界关系，世界只是自我在其所有具体性中的一个机会。然而，这不仅限于享乐主义的享受要求，它还包括实际上应该反对这种世界关系的东西——保守主义。

即使是保守主义的生活方式，如今也以自恋和自恋的"道德"为标志。以当下非常流行的家谱学研究为例——对自己的出身和家谱感兴趣。以前，家谱是人们将自己编排进去的东西；如今，它被勾勒为通往自我的线路——作为具体个体的自我。它从定位家族时间的媒介变成了人们赋予自己的内容。人们不是被编排进去，而是将其赋予自己。这也是传统留存至今的方式：不是作为必须遵守的规定，而是作为随意赋予个体的称呼。个体将这些称呼据为己有。

在另一种"进步"版本中，对普遍范畴的拒绝同样是一种要求，对自我权利的无限要求——拒绝预先规定的自我。对普遍规定的拒绝远远超出了典型的对预先规定的角色或社会地位的拒绝。个体的具体性延伸到对生物和性别范畴的拒绝。预先规定的性别范畴不仅被"旧的"性别的自我肯定所反对，例如同性恋，它更多的是被一种日益扩展的公式所取代：从

LGBTI*，到 LGBTI*，再到 LGBTI*QA。这种扩展旨在涵盖所有形式、所有中间形式、所有性别可能性。也就是说，涵盖所有不确定性。尽管这可能有些矛盾。

　　这种列举永远无法穷尽，永远无法涵盖所有具体性。证据就是人们添加的那个羞怯的"+"：LGBTQIA+。齐泽克认为，这个附加的加号表示所有其他群体和规定都"包括在内"。[14]可以说，加号是无法实现的具体性的标志。[†]

　　在我们进一步探讨自恋"道德"的"进步"版本之前，让我们总结一下这两个版本的共同点，也就是构成整个"道德"领域的因素。

　　在这两种情况下，自我确定性都是这种"道德"的基础。面对这种确定性，社会规定和社会角色似乎是对自我确立（Selbstsetzung）、自我确定性的侮辱。由此产生的是自恋"道德"

---

*　女同性恋者（lesbian）、男同性恋者（gay）、双性恋者（bisexual）、变性者（transgender）、间性者（intersex）的英文首字母缩略词。这一段和下一段中的"Q"和"A"分别代表酷儿（queer）和无性恋者（asexual），"*"和"+"则代表多样性和其他可能性。——译者注

†　人们可以在一个意想不到的地方发现这一点——表情符号，也就是用于快速交流的象形文字。关于这些符号，发生过一场关于身份政治的争论。美国统一码联盟决定哪些表情符号可以使用。苹果、"脸书"、奈飞和谷歌等公司都是该联盟的成员。批准的数量越来越多，表情符号也越来越多样化，但每一次更新都会受到少数群体的批评。例如，红头发的人要求拥有自己的表情符号。印度学生也批评统一码联盟，因为已经有汉堡、比萨、寿司的表情符号，但还没有印度米饭的表情符号。（参见：Adrian Lobe: Politische Ökonomie der Emojis, in: die tageszeitung, 18.3.2021.）这种列举永远是不够的。在这里，人们为了逐步具体化而斗争——具体性应该越来越准确、越来越详细。这样一来，歧视就意味着不以普遍的概念和形象出现。——原注

的核心因素：对社会性的否定，对个体社会性的否定。无论是SUV 司机还是酷儿活动家*，都拒绝了黑格尔所说的普遍的"道德关系"。换句话说，自恋的"道德"（也就是要求世界成为我的）恰恰是一种否定社会性的形式。正是通过对个体具体性的幻觉（绝对地确定自我）来实现。

随着对具体性和自我规定的渴望不断扩展，对普遍范畴的拒绝也日益加剧。让我们来看看这种现象，它在一定程度上代表了自恋"道德"的顶峰和纯粹形式。必须指出的是，即使对那些可能会坚决反对的人来说，自恋"道德"的纯粹形式也意味着——自我认同（Selbst-Identifikation）。

自我认同最初是在收集民族出身和归属的数据时采用的一种反歧视原则。1990 年，联合国为保护少数民族通过了这一原则，旨在用自我认同取代歧视性的外部分类。

如今，自我认同（尤其是以所谓的自决法案†的形式）已经成为另一种东西：从行政措施变成了身份主张的重要形式。自我认同如今意味着完全拒绝与性别有关的普遍范畴，后者被理解为外部分类。性别如今不应再由"外部"预先规定：既不由社会，也不由生物学规定。

自决法案在某些地方已经实施，在其他地方仍然处于讨论

---

* 他们的主张可以简单概括为"性别和性取向是流动的"。——译者注
† 即德国联邦议院于 2024 年 4 月通过的《性别自决法》，该法案的内容可以简单概括为"公民每年有一次自主选择并更改性别的权利"。——译者注

之中。它旨在将通过简单的意向声明来改变性别的权利写入法律。自决法案大致意味着，可以在没有医疗干预的情况下，仅根据个人的、内在的感受，即自我认同，更改出生证明上登记的、"被指派"的性别。

我们必须明确区分作为事实的跨性别和作为话语的跨性别。作为事实，跨性别（从整体上看）只涉及少数人。这些人面临的巨大问题不是我们在这里讨论的主题。

齐泽克写道，跨性别者代表对异性恋规范的干扰，他们不仅是一个边缘群体，他们传递的信息是普遍的。也可以说，这种信息已经成为一种核心话语——远远超出了那些实际受影响的人。我们在这里想要关注的正是这种话语。因为作为一种话语，跨性别，尤其是自我认同，已经成为一种范式。与人们可能认为的相反（也可能与人们的自我认知相反），自我认同并不是反对主流社会，而是其激进化的表达。在一定程度上，它是我们所讨论的整个"道德"的纯粹形式。但这意味着：自我认同成为一面极端化的镜子，展示了整个"道德"，也就是自我认同和跨性别话语拒绝的"自由"版本的基础。

为什么呢？

在占据主导地位的自恋中，一切都以自己的身份为基础，这是显而易见的。但关键在于，这种身份是或应该是唯一的自我认同。这是个体具体性的顶峰：我们对"我是谁"或"我是什么"的痴迷达到了顶峰。而唯一的标准就是——我的感受。自我的终极真理就是我感受到的身份。无论这个身份是不变的还是变化的（我今天是谁？我今天感觉怎么样？）——无论如何，主观感觉就是最终的理由、最终的标准和身份认同的基础。这进一步推动了个别化——直到在个体身上找不到任何普遍性。我们都追随的对绝对具体性的幻想在这里被推向极端——一种完全的、存在的"自我授权"的幻想。因为一种只基于主观感觉的身份意味着：一种只由自我规定的身份，一种纯粹的自我确立。

这是对社会规定自我的拒绝，这是对每一种确定性都是限定和否定（但也因此与他人有关）这一原则的拒绝。这是纯粹自我关联性的自我规定。显然，这是反社会、反辩证的主体性观念。在自我认同中，对社会性自我的否定达到了顶峰，而这正是我们自恋"道德"的视野。

不过，他人在这种自我规定的视野中扮演什么角色呢？自我认同的概念在这里提供了远远超出其设定的、决定性的线索：在自我确立身份的过程中，他人的作用仅限于——同意。他人应该简单地同意我们的规定。自我认同原则甚至要求：他人必须认可我的规定，即使我的规定与他们的感知相矛盾。例如，如果一个女性将自己定义为男性，即使这不符合他人的感知，他们也必须接受她是男性。他人认为这样做是否合适并不重要，原则是，任何人都无权质疑这种自我认同。即使她的主观定义发生变化，他人也必须接受。即使在这种情况下，原则也必须保持不变。因此，人们对自己的规定同样适用于他人，个人所感受的身份也是呈现给他人的身份。这样一来，社会对自我的感知既是预先规定的（我如何被感知），又是被认可的（我应该这样被感知）。换句话说，自我感知和他人感知通过主观定义达成一致。这是在社会层面认可"我就是我"这一同义反复的尝试。

人们必须明确指出其中的矛盾：自我确立是对社会性自我的否定——一种纯粹的"我就是我"。但与此同时，这又需要社会的认可。这个矛盾还要更进一步，因为这种认可本身应该改变。这种认可应该嵌入反社会原则之中，这是一种多么大胆的尝试！他人不是作为真正的他人，而只是作为赞同者。这不是在他人那里的反映，而只是一种纯粹形式上的认可——因为同意是必要的、必须的。

自我认同主观地定义了自我，但与此同时，这一原则必须得到社会的认可，并由国家通过法律加以贯彻。对黑格尔来说，国家不可以承认感觉和主观知识。如今，这正是应该发生的事情。一方面，自我认同试图将认可原则还原为纯粹的同意；另一方面，同意的前提，即认可原则本身，必须得到社会的接受和国家的确认。这就是这种纯粹的自我授权所导致的矛盾。

如前所述，自我认同意味着自我确立、自我授权和自我关联性的顶峰——它不是对立形象，而是各种自我确立的模型。

自我认同可能是"进步"版本的核心，但它明确展示了"自由"版本自恋的范式——对社会规定的拒绝。在这里拒绝对性别的定义，在那里拒绝预先规定的社会调节（从健康措施到社交媒体规则），也就是拒绝"外部调节"，拒绝非个人的规则。*在这里是对性别的自我定义，在那里是作为普遍世界关系的自我定义。

简而言之，在自我认同中集合了所有构成自恋"道德"的因素：对社会性自我的否定，不受限制的自我确立，对普遍范畴的拒绝。与此同时，这也导致了矛盾——随之而来的社会认可的必要性。

因为每一种自我确立（无论多么激进、多么个体、多么具体）都希望而且必须是普遍有效的，它必须以各种形式得到认可。

因此，内在的自我确定性是不够的，正如黑格尔所说，它必须"被置于普遍媒介之中"。即使它在那里并不将自己称为法则。这意味着：自我的平等（这是如今最高级、最有效的信念），纯粹的"我就是我"，都必须在所有自我关联性中客观化、具体化。黑格尔认为，实现这一点的媒介是语言：在语言中，个体可以在所有具体性中"作为这样的人"被认可。如何做到这一点？通过这个具体的个体表现自我、表达自我。表达自己的信念。我们已经在自我认同中看到了这一点——适用于所有领域、所有版本：这就是定义自我，进而变得普遍。

让我们总结一下。根据黑格尔的说法，我们如今都想成为纯粹的自我，通过"从直接的自我确定性的形式……转化为保

---

* 这种对非个人规则的拒绝涉及的范围非常广泛，从所谓的"横向思考"组织到企业家埃隆·马斯克（Elon Musk, 1971— ）。这表明，幻想程度与阶级状况成反比：越贫穷，越幻想。但与此同时，纯粹自我确立的理想始终是一种幻觉。——原注

证的形式”来实现，也就是从主张“我感觉自己是……”转化为主张“我是……”。拥有独特幽默感的黑格尔认为，这种保证让人们相信自己的信念就是本质。[15] 不过，在我们陷入这个同义反复的旋涡之前，让我们记住如今的决定性因素：黑格尔认为，关键在于表达这种保证。因为这样做取消了“其特殊性的形式”，通过表达它，通过表达自己是谁或是什么（如今每个人都在这样做），这种表达变得（越来越）普遍。这也解释了我们如今对语言的痴迷。我们现在看到，语言是自恋主体的媒介，是他自己的个体性和具体性得到认可的媒介。

　　然而，这并不完全符合我们如今的情况。如今的情况还有另一个特征。因为语言本身发生了根本性的变化：从黑格尔眼中的普遍媒介，变成了自恋的媒介，也就是个体及其具体性的媒介。这种变化意味着语言的“自恋转向”。

　　在这里，我们追随两位语言专家——编辑卡塔琳娜·拉贝（Katharina Raabe）和翻译奥尔加·拉德兹卡加（Olga Radetzkaja），她们在对话中谈到了“自恋转向”的核心因素。[16]

　　她们的出发点是个人称呼的不断细分。这样一来，这些称呼从普遍概念变成类似名字的东西。趋势不再是普遍地称呼个体，例如男人或女人，而是具体、单独、性别化地标记个体。例如通过性别星号、下画线、内部冒号和其他身份标记。*

---

* 以性别星号和德语“教师”一词为例，不再区分男教师（Lehrer）和女教师（Lehrerin），而是统称为“Lehrer*innen”，星号（*）代表男女之外的性别和性取向。其他身份标记同理。——译者注

　　我们会说：这相当于试图将语言定位在具体性上，而后者正是我们自恋的准则。因此，语言既是自恋"道德"的媒介，又是自恋"道德"的工具。人们也可以将其称为语言的反哥白尼转向 *：从普遍媒介（仍然与自我保持某种距离）转变为以自我为中心的媒介。

　　"我就是我"的保证变成了一种权利，更准确地说，要求语言表达的权利。拉贝认为，这意味着每个人都有权要求其特殊性通过语言得到尊重。这显然会导致语言的特殊化，并带来越来越多新形式的特殊化。

　　这种转向不再局限于要求解放、有时形式多余的政治正确。根据拉贝的说法，语言特殊化的新规则随处可见——在公共管理部门、企业、广告、媒体、新闻稿、促销规则、招聘信息以及客户致辞中。"非个人化的权威（行政或市场）以我存在的方式非常个人化地与我交谈。"这是一种幻觉：每个人不仅可以表达自己的具体性，而且可以在具体性中被称呼、被理解。每个人都非常个人化。

　　语言的特殊化，语言转变为自恋"道德"的媒介，也涉及对"道德"问题的重新表达——正如拉贝所说（与我们所说的反哥白

---

* 这里借用了一个德国哲学的典故——"哥白尼革命"。德国哲学家伊曼努尔·康德（Immanuel Kant, 1724—1804）提出了向自然提问题、要求自然答复的方法（从主观到客观，事物绕着人转）。这改变了以前的理性反映自然的方法（从客观到主观，人绕着事物转）。就像波兰天文学家尼古拉·哥白尼（Mikołaj Kopernik, 1473—1543）的日心说（地球绕着太阳转）改变了以前的地心说（太阳绕着地球转）一样。康德将这种方法上的改变称为"哥白尼革命"。——译者注

尼转向相一致），语言对我公平吗？只有我，只有各自的自我才能决定是感到被尊重，还是感到被冒犯。

在这里，自我及其感觉是决定性的权威——显然，这种尊重永远不可能真正、完全成功。因为在黑格尔的浪漫主义主体那里，语言表达仍然意味着通往某种普遍性。那么，现在的问题是一种无法追赶的转向，它应该将语言的普遍性转换为特殊性。

这样做产生的后果是显而易见的。

一方面，如果所有人都想成为普遍的（这就又回到了黑格尔），那么这必然导致"所有人之间的普遍对抗和相互斗争"[17]：每个人都试图坚持"自己的个体性"，但如果所有人都试图做同样的事，就会成为彼此的阻力。由此产生的是黑格尔所说的"普遍斗争"——这个词用于如今的公共话语非常贴切。

另一方面，还存在相反的结果：正如黑格尔对自我关联性的美妙表述，自我称呼、自我表达不必是一种"孤独的礼拜"。自我表达也可以形成一个社群——也就是群体、共同体。无论这些社群是什么样的，它们的纽带总是"保证彼此的良心和善意，欣喜于彼此的纯洁，满足于知识和表达，享受于保护和培养这种卓越"。[18]这难道不是对如今随处可见的自恋共同体的美妙描述吗？从酷儿到各种生活型态群体。

在自恋"道德"的脆弱版本中，还有一个特征。脆弱的自我必须通过规则来保护自己或受到保护，例如著名的触发警告*。

---

* 即出现在文字或视频开头的敏感信息预警，通常用来帮助人们做好心理上的准备。——译者注

应该构建的、为人们提供安全和保护的、让人们免受各种伤害的安全空间，齐泽克将其称为"茧房"。作为茧房，自恋共同体成为一个海洋般的空间。以广为引用的大学为例：它应该被改造成一个海洋般的空间，其保护作用在于（我们现在可以这样描述）成为继发自恋的空间。

这也清楚地展示了自恋共同体的变化及其霸权：从超我文化的壁龛到安全空间。前者是 20 世纪 60 年代流浪青年的栖身之处，后者则积极地标记出海洋般的领域。

不过，所有这些类型的社群（无论是脆弱型还是强健型）都有一个共同点：在保证彼此卓越的过程中产生的是社交，而不是社会。换句话说，自恋共同体只知道社交。因为保证彼此卓越就像自我定义那样——这里的认可只是自我确定性的"回声"。回声——也许没有比这个黑格尔式概念更恰当的了。它清楚地表明，在所有这些情况下，在所有这些社群中，认可只是一种表象。这不是真正的认可，而仅仅是自我主张的回声。

这种"认可"并不基于任何共同点，它最多只是回声的叠加。它只是对自我确定性的确认，但却让人们陷入孤立，陷入黑格尔所说的"最深处的内在孤独"。

这种聚集、这种叠加、这种自恋的社交只是社会性的表象，只是社会性的幻觉，只是对社会性的否定——也就是自我定义的"社会性"。即使在社群中，即使在共同体中，自恋也保留着这种本质因素：通过否定社会性来产生一种矛盾的社会存在。

这种情况在自恋的所有变体中都能找到。

不过，自恋的"道德"及其幻觉是否就是它所理解的那种授权实践？一种纯粹的解放实践、自由实践——没有遏制，没有限制？

我们已经看到，"我就是我"的自我确立在其所有形式、所有版本和所有论述中都具有一种内在矛盾：纯粹的自我确定性（即内在信念）与外在认可之间的矛盾。

现在到了最后一步，我们必须看看这种矛盾会导致什么结果。

显然，因为自我确定性只基于自己的感觉，所以它既是绝对的，又是不稳定的。自我确定性被内在不稳定性所困扰。（感觉会改变——我能相信它们几分？我是否正确理解了它们？）它同样也受到外在不稳定性的影响。（我感受的身份是否被接受、被尊重？是否有效？我是如何被感知的？）

正因为这只是一种感觉上的身份，正因为它除了我的感觉没有其他基础、其他根据（这里必须再次强调，这适用于自恋的所有版本）——正因如此，对它的同意具有非常特殊的价值。

因为必须得到确认的是我最个体、最具体、最个性的身份——这意味着：这不是平等的对称认可，不是与共同普遍性的联系。它只是对我最个体、最具体、最个性的本质的认可。这个本质必须完全放弃自我，才能得到可能的同意。这样一来，认可成为一种基本的自恋保证，成为一种存在（主义）的同意。它比任何其他认可都更具存在性，因为它必须确认我最内在的确定性，无论是在我们藏身的回声室之外还是之内。

但这意味着，茧房实际上不是一圈椅子，不是生活型态群体，不是高尔夫俱乐部，不是保证彼此卓越的社群。没有真正的竞争的彼岸，没有真正的内在价值，没有真正的成功的保证。因为只有从存在的角度放弃自我，才能得到救赎。这里的存在意味着，不受任何普遍范畴的认可的保护，完全孤立地投身于自己具体的存在。

在这里，我们看到了自我确立是如何颠倒成为其对立面的：纯粹的自我授权的理想变成了完全的被摆布。对社会性的无限拒绝导致了对社会性的存在依赖。因为这里的自我是一种前所未有的利用。而这正是自我关联性成为痛苦的原因。这表明，我们假设的与真实生存条件的想象关系，也就是意识形态，不仅是被折磨者的安慰、虚假的田园诗、虚幻的逃避主义或欺骗性的希望，它本身也是一种痛苦。它是自恋带来的一种非常特殊的完美（主义）因素——在自恋的痛苦中。因为在这里，我们无情地暴露了自己。这种暴露直至我们的根基。

这样一来，所有版本的自我确立可能都是一种授权，一种摆脱普遍强迫的解放。但与此同时，它也导致了完全的自我放弃。因此，结论是：这只是对自我的陶醉，对"我就是我"这一同义反复的陶醉。另一种表述是自愿服从——被体验为授权的服从。我们的服从是自恋，是自恋的"道德"，它已经被证明是一系列矛盾：作为道德的反道德原则，作为社会性的反社会原则，需要认可的自我确立。而这种认可只是一种回声。

本书以拉·波埃西的呼唤为开端。然而，在我们如今的情况中，这样的呼唤是不可能的——这种呼唤引导我们摆脱自愿服从和奴役。人们应该如何反抗？又从谁那里解放自己呢？

那么，黑格尔式的出路呢？对黑格尔来说，自恋的“道德”、自恋的意识形态必然会因其矛盾而失败和灭亡——新的形态将从中产生。

然而，我们如今既没有拉·波埃西的可能性，也缺乏黑格尔的乐观主义，因此，我们只能得出这样的结论：自恋的意识形态是一条死胡同。

注 释

第一章 我们的自愿性因何而起？

1 Étienne de La Boétie: Abhandlung über die freiwillige Knechtschaft, Innsbruck – Wien 2019.

2 Ebd., S. 6.

3 Ebd., S. 42.

4 Baruch de Spinoza: Theologisch-politischer Traktat, Hamburg 2012 (Erstveröffentlichung 1670), S. 6.

5 Ebd., S. 255. (Kursivsetzung I. C.)

6 Étienne Balibar: La crainte des masses. Politique et philosophie avant et après Marx, Paris 1997, S. 67. (Übersetzung I. C.)

7 Louis Althusser: Ideologie und ideologische Staatsapparate, Positionen Band 3, Westberlin 1977.

8 James Joyce: Ein Porträt des Künstlers als junger Mann, Zürich 1993, S. 100.

9 Louis Althusser: Ideologie und ideologische Staatsapparate, Positionen Band 3, Westberlin 1977, S. 133.

10 Baruch de Spinoza: Ethik, Leipzig 1919, S. 177. (Teil IV, Lehrsatz 1, Anmerkung.)

11 Louis Althusser: Für Marx, Frankfurt/M. 1968, S. 183.

12 Ebd.

13 Louis Althusser: Ideologie und ideologische Staatsapparate, S. 148.

第二章 作为自愿服从的自恋

1 Richard Sennett: Verfall und Ende des öffentlichen Lebens. Die Tyrannei der Intimität, Berlin 2008, S. 577.

2 Christopher Lasch: Das Zeitalter des Narzissmus, München 1982, S. 27.

3 Sigmund Freud: Zur Einführung des Narzissmus, in: Psychologie des Unbewußten, Band III, Frankfurt/M. 1975, S. 61.

4 Sigmund Freud: Das Unbehagen in der Kultur, Stuttgart 2017.

5　Sigmund Freud: Zur Einführung des Narzissmus, in: Psychologie des Unbewußten, Band III, Frankfurt/M. 1975, S. 61.

6　Ebd.

7　Ebd., S. 67.

8　Jacques Lacan: Das Spiegelstadium als Bildner der Ichfunktion wie sie uns in der psychoanalytischen Erfahrung erscheint, in: Schriften I, Weinheim, Berlin 1986.

9　Sigmund Freud: Zur Einführung des Narzissmus, in: Psychologie des Unbewußten, Band III, Frankfurt/M. 1975, S. 60.

10　Ovid: Metamorphosen, Köln 2016, S. 76.

11　Ebd.

12　Sigmund Freud: Das Unbehagen in der Kultur, Stuttgart 2017, S. 96.

13　Richard Sennett: Verfall und Ende des öffentlichen Lebens. Die Tyrannei der Intimität, Berlin 2008, S. 565, 566.

第三章　新自由主义的号角

1　Helmut Dubiel: Der nachliberale Sozialcharakter, in: Ungewißheit und Politik, Frankfurt/M. 1994.

2　Michel Foucault: Die Geburt der Biopolitik. Geschichte der Gouvernementalität II, Frankfurt/M. 2019.

3　Ebd., S. 335.

4　Ebd., S. 336.

5　Ebd., S. 321.

6　Ebd.

7　Ebd., S. 312.

8　Ebd., S. 359.

9　Ebd., S. 319.

10　Jacques Lacan: Séminaire XV: L'Acte Psychanalytique, Séminaire du 15 Novembre 1967, S. 22. (unveröffentlicht) (Übersetzung I. C.)

11　Ulrich Bröckling: Das unternehmerische Selbst. Soziologie einer Subjektivierungsform, Frankfurt/M. 2007.

12　Gary S. Becker: Der ökonomische Ansatz, zitiert nach Bröckling: op. cit., S. 89.

13　Judith Butler: Psyche der Macht. Das Subjekt der Unterwerfung, Frankfurt/M. 2019, S. 66.

第四章　竞争及其彼岸

1　Andreas Reckwitz: Die Gesellschaft der Singularitäten. Zum Strukturwandel der Moderne, Berlin 2017.

2　Roland Barthes: Mythen des Alltags, Frankfurt/M. 1964.

3　Ludwig Wittgenstein: Tractatus logico-philosophicus, Frankfurt/M.1963, 6.54.

第五章　自恋者和他人

1　Sigmund Freud: Massenpsychologie und Ich-Analyse, Frankfurt/M. 1974, S. 9.
2　Sigmund Freud: Zur Einführung des Narzissmus, in: Psychologie des Unbewußten, Band III, Frankfurt/M. 1975, S. 67.
3　Axel Honneth: Das Ich im Wir. Studien zur Anerkennungstheorie, Berlin 2010, S. 32.
4　Georg Franck: Ökonomie der Aufmerksamkeit. Ein Entwurf, München 2007.
5　Sigmund Freud: Massenpsychologie und Ich-Analyse, Frankfurt/M. 1974, S. 70.
6　Ludwig Feuerbach: Das Wesen des Christentums, Köln 2014, S. 146.
7　Sigmund Freud: Totem und Tabu. Einige Übereinstimmungen im Seelenleben der Wilden und der Neurotiker, Frankfurt/M. und Hamburg 1956, S. 88.
8　Stefanie Graefe: Resilienz im Krisenkapitalismus. Wider das Lob der Anpassungsfähigkeit, Bielefeld 2019.
9　Baruch de Spinoza: Theologisch-politischer Traktat, Hamburg 2012 (Erstveröffentlichung 1670), S. 4.
10　Ludwig Feuerbach: Das Wesen des Christentums, Köln 2014, S. 120. (Kursivsetzung I. C.)
11　Jean Laplanche, Jean-Bertrand Pontalis: Das Vokabular der Psychoanalyse, Frankfurt/M. 1972, S. 204.
12　Jacques Lacan: Das Ich in der Theorie Freuds und in der Technik der Psychoanalyse. Das Seminar, Buch II (1954/55), Olten und Freiburg im Breisgau 1987, S. 171.
13　Sigmund Freud: Massenpsychologie und Ich-Analyse, Frankfurt/M. 1974, S. 33.
14　Ebd., S. 55. (Kursivsetzung im Original.)
15　Axel Honneth: Das Ich im Wir. Studien zur Anerkennungstheorie, Berlin 2010, S. 274.
16　Diedrich Diederichsen: Stray Cats: Streunen, Verabreden, Abhauen. Jugend. Gegenkultur und Diaspora, in: Gertraud Auer, Isolde Charim (Hg.): Lebensmodell Diaspora. Über moderne Nomaden, Bielefeld 2012.
17　Sigmund Freud: Massenpsychologie und Ich-Analyse, Frankfurt/M. 1974, S. 41.
18　Sigmund Freud: Das Unbehagen in der Kultur, Stuttgart 2017, S. 64.

第六章　自恋的“道德”

1　Michel Foucault: Der Gebrauch der Lüste. Sexualität und Wahrheit 2, Frankfurt/M. 1991.
2　Michel Foucault: Dits et Ecrits. Schriften. Vierter Band, Frankfurt/M. 2005, S. 683. (Kursivsetzung I. C.)

3   Ebd., S. 972.

4   Max Weber: Die protestantische Ethik und der Geist des Kapitalismus, Hamburg 2020.

5   Peter Sloterdijk: Du musst Dein Leben ändern. Über Anthropotechnik, Frankfurt/M. 2019.

6   Slavoj Žižek: Die Tücke des Subjekts, Frankfurt/M. 2001, S. 509.

7   Ebd., S. 440.

8   Judith Butler: Psyche der Macht. Das Subjekt der Unterwerfung, Frankfurt/M. 2019, S.76 ff.

9   Slavoj Žižek: Die Tücke des Subjekts, Frankfurt/M. 2001, S. 477.

10   Spinoza: Ethik, III. Teil. Von den Affekten. Lehrsatz 39. Anmerkung.

11   Ebd.

12   Slavoj Žižek: Die Tücke des Subjekts, Frankfurt/M. 2001, S. 343.

13   Georg Wilhelm Friedrich Hegel: Phänomenologie des Geistes, Frankfurt/M. 1986.

14   Slavoj Žižek: Der Mut der Hoffnungslosigkeit, Frankfurt/M. 2018, S. 301.

15   Georg Wilhelm Friedrich Hegel: Phänomenologie des Geistes, Frankfurt/M. 1986, S.479 f.

16   S. perlentaucher: »Im neuen Turm zu Babel« am 23.8.2021.

17   Georg Wilhelm Friedrich Hegel: Phänomenologie des Geistes, Frankfurt/M. 1986, S. 282.

18   Ebd., S. 481.

参考文献

Adrian Lobe: Politische Ökonomie der Emojis, in: die tageszeitung, 18.3.2021.

Andreas Reckwitz: Die Gesellschaft der Singularitäten. Zum Strukturwandel der Moderne, Berlin 2017.

Axel Honneth: Das Ich im Wir. Studien zur Anerkennungstheorie, Berlin 2010.

Baruch de Spinoza: Ethik, Leipzig 1919.

Baruch de Spinoza: Theologisch-politischer Traktat, Hamburg 2012 (Erstveröffentlichung 1670).

Christopher Lasch: Das Zeitalter des Narzissmus, München 1982.

Diedrich Diederichsen: Stray Cats: Streunen, Verabreden, Abhauen. Jugend. Gegenkultur und Diaspora, in: Gertraud Auer, Isolde Charim (Hg.): Lebensmodell Diaspora. Über moderne Nomaden, Bielefeld 2012.

Étienne Balibar: La crainte des masses. Politique et philosophie avant et après Marx, Paris 1997.

Étienne de La Boétie: Abhandlung über die freiwillige Knechtschaft, Innsbruck - Wien 2019.

Georg Franck: Ökonomie der Aufmerksamkeit. Ein Entwurf, München 2007.

Georg Wilhelm Friedrich Hegel: Phänomenologie des Geistes, Frankfurt/M. 1986.

Helmut Dubiel: Der nachliberale Sozialcharakter, in: Ungewißheit und Politik, Frankfurt/M. 1994.

Jacques Lacan: Das Ich in der Theorie Freuds und in der Technik der Psychoanalyse. Das Seminar, Buch II (1954/55), Olten und Freiburg im Breisgau 1987.

Jacques Lacan: Das Spiegelstadium als Bildner der Ichfunktion wie sie uns in der psychoanalytischen Erfahrung erscheint, in: Schriften I, Weinheim, Berlin 1986.

Jacques Lacan: Séminaire XV: L'Acte Psychanalytique, Séminaire du 15 Novembre 1967.

James Joyce: Ein Porträt des Künstlers als junger Mann, Zürich 1993.

Jean Laplanche, Jean-Bertrand Pontalis: Das Vokabular der Psychoanalyse, Frankfurt/M. 1972.

Judith Butler: Psyche der Macht. Das Subjekt der Unterwerfung, Frankfurt/M. 2019.

Louis Althusser: Für Marx, Frankfurt/M. 1968.

Louis Althusser: Ideologie und ideologische Staatsapparate, Positionen Band 3, Westberlin 1977.

Ludwig Feuerbach: Das Wesen des Christentums, Köln 2014.

Ludwig Wittgenstein: Tractatus logico-philosophicus, Frankfurt/M. 1963.

Max Weber: Die protestantische Ethik und der Geist des Kapitalismus, Hamburg 2020.

Michel Foucault: Der Gebrauch der Lüste. Sexualität und Wahrheit 2, Frankfurt/M. 1991.

Michel Foucault: Die Geburt der Biopolitik. Geschichte der Gouvernementalität II, Frankfurt/M. 2019.

Michel Foucault: Dits et Ecrits. Schriften. Vierter Band, Frankfurt/M. 2005.

Ovid: Metamorphosen, Köln 2016.

Peter Sloterdijk: Du musst Dein Leben ändern. Über Anthropotechnik, Frankfurt/M. 2019.

Richard Sennett: Verfall und Ende des öffentlichen Lebens. Die Tyrannei der Intimität, Berlin 2008.

Roland Barthes: Mythen des Alltags, Frankfurt/M. 1964.

Sigmund Freud: Das Unbehagen in der Kultur, Stuttgart 2017.

Sigmund Freud: Massenpsychologie und Ich-Analyse, Frankfurt/M. 1974.

Sigmund Freud: Totem und Tabu. Einige Übereinstimmungen im Seelenleben der Wilden und der Neurotiker, Frankfurt/M. und Hamburg 1956.

Sigmund Freud: Zur Einführung des Narzissmus, in: Psychologie des

Unbewussten, Band III, Frankfurt/M. 1975.

Slavoj Žižek: Der Mut der Hoffnungslosigkeit, Frankfurt/M. 2018.

Slavoj Žižek: Die Tücke des Subjekts, Frankfurt/M. 2001.

S. perlentaucher: »Im neuen Turm zu Babel« am 23.8.2021.

Stefanie Graefe: Resilienz im Krisenkapitalismus. Wider das Lob der
Anpassungsfähigkeit, Bielefeld 2019.

Ulrich Bröckling: Das unternehmerische Selbst. Soziologie einer
Subjektivierungsform, Frankfurt/M. 2007.

译名对照表